内蒙古自治区"十四五"职业教育规划教材
"十三五"职业教育规划教材
信息化数字资源配套教材

电机与拖动

李满亮　王旭元　牛海霞　主　编

刘引弟　刘　璐　王荣华　杨学敏　副主编

刘敏丽　关玉琴　主　审

化学工业出版社

·北京·

内 容 简 介

　　《电机与拖动》以专业教学标准为依据，讲解了直流电机的认知与运行控制、变压器的认知与参数测定、交流电机的认知与运行控制、同步电机的认知与运行控制、控制电机的认知等内容。书中按照项目任务形式编写，理论与实践紧密结合，借助现代信息技术，对于文字内容过于抽象、无法直观理解的知识点，用 2D 动画、3D 动画或视频进行完善，将相关的动画、视频等资源以二维码的形式植入书中，方便师生学习及线上线下互动。另外，为方便教学，配套电子课件。

　　本书可作为高职高专院校、中等职业学校机电类专业的教材，也可作为机电技术人员培训用书，并可供相关技术人员参考使用。

图书在版编目（CIP）数据

　　电机与拖动/李满亮，王旭元，牛海霞主编. —北京：化学工业出版社，2021.1（2024.2重印）
　　"十三五" 职业教育规划教材　信息化数字资源配套教材
　　ISBN 978-7-122-37912-2

　　Ⅰ.①电…　Ⅱ.①李…②王…③牛…　Ⅲ.①电机-职业教育-教材②电力传动-职业教育-教材　Ⅳ.①TM3②TM921

　　中国版本图书馆 CIP 数据核字（2020）第 198787 号

责任编辑：韩庆利　　　　　　　　　　　　　文字编辑：宋　旋　陈小滔
责任校对：王　静　　　　　　　　　　　　　装帧设计：张　辉

出版发行：化学工业出版社（北京市东城区青年湖南街 13 号　邮政编码 100011）
印　　装：大厂聚鑫印刷有限责任公司
787mm×1092mm　1/16　印张 11¼　字数 272 千字　2024 年 2 月北京第 1 版第 5 次印刷

购书咨询：010-64518888　　　　　　　　　售后服务：010-64518899
网　　址：http://www.cip.com.cn
凡购买本书，如有缺损质量问题，本社销售中心负责调换。

定　价：35.00 元

"电机与拖动"课程是机电类专业的一门专业基础课，要求学生学习和掌握电机与拖动基本理论和基本技能，并为相关的后续课程和今后从事专业技术工作奠定一定的基础。

《电机与拖动》教材以项目为导向，注重任务驱动，精心选用典型的、学生感兴趣的任务，在教学过程中积极推行任务教学。在每个项目中设有项目导论、能力目标、相关知识，以及实践操作、项目小结、项目综合测试等板块，将理论与实践巧妙结合，实践教学与理论教学同步进行，学生不仅能掌握理论知识，而且还能提高实际操作和设计能力。

本书借助现代信息技术，用微课导入项目并融入课程思政，对于文字内容过于抽象、无法直观理解的知识点，用 2D 动画、3D 动画或视频进行完善，将相关的动画、视频等资源以二维码的形式植入书中，方便师生学习及线上线下互动。另外，为方便教学，配套电子课件。

本书注重创新，重组和优化课程体系，实用性、针对性较强。本书内容采用项目式教学方法编排，共分 5 个项目，包括直流电机的认知与运行控制、变压器的认知与参数测定、交流电机的认知与运行控制、同步电机的认知与运行控制、控制电机的认知。每个项目又分解成若干教学任务，绝大多数教学任务都有相应的实践操作内容。在本教材的编写过程中，坚持"学中做，做中学"的教学原则，让学生认真完成每个任务，使其在动手操作的过程中学习并掌握相关专业知识或操作技能。

本书由内蒙古机电职业技术学院李满亮、王旭元、牛海霞主编，内蒙古机电职业技术学院刘引弟、刘璐、王荣华和呼和浩特供电局杨学敏副主编，内蒙古机电职业技术学院刘敏丽、关玉琴教授主审。参加本书编写的还有内蒙古机电职业技术学院张松宇。具体编写分工如下：项目 1 由王旭元主要编写，项目 2 中的任务 2.1、2.2、2.3 由李满亮主要编写、任务 2.4、2.5 由杨学敏主要编写，项目 3 中的任务 3.1、3.2、3.4 由李满亮主要编写、任务 3.3 由刘璐、王荣华主要编写，项目 4 中的任务 4.1、4.2、4.3、4.5 由牛海霞主要编写、任务 4.4 由刘引弟主要编写，项目 5 由刘引弟主要编写。本书中的二维码信息化资源由李满亮、牛海霞、刘引弟、王旭元、刘璐、张松宇制作完成。全书由李满亮、牛海霞统稿。

由于编者水平有限，书中难免存在疏漏及不足之处，恳请读者批评指正。

编　者

目录

项目 3　交流电机的认知与运行控制 / 78

项目1
直流电机的认知与运行控制

[项目导论]

    磁路和直流电机是电机学习的基础,直流电机由定子和转子两部分组成。定子部分包括机座、主磁极、换向极和电刷装置。转子部分包括电枢铁芯、电枢绕组、换向极转轴和轴承等。直流电机拖动包括起动、正反转、制动、调速控制。

[能力目标]

    1. 能正确使用工具完成直流电动机拆卸与安装。

    2. 能正确运用电器元件和导线及工具,完成直流电动机控制的接线,并试运行正常。

[相关知识]

    1. 磁路中的基本概念。

    2. 磁路基本定律。

    3. 铁芯线圈与电磁铁。

    4. 直流电动机工作原理。

    5. 直流电机的分类与结构。

    6. 直流电机的换向。

    7. 直流电动机的机械特性。

    8. 直流电动机的起动。

    9. 直流电动机的反转。

    10. 直流电动机的制动。

    11. 直流电动机的调速。

项目 1 导学

任务 1.1 磁 路

1.1.1 磁路中的基本概念

1.1.1.1 磁路

    在通电螺线管内腔的中部,电流产生的磁力线平行于螺线管的轴线,磁场线渐进螺线管两端时变成散开的曲线,曲线在螺线管外部空间相接。如果将一根长铁芯插入通电螺线管中,并且让铁芯闭合,则泄漏到空间的磁力线很少。用永磁铁作磁源,也产生上述现象。

    图 1-1-1 (a) 给出了永磁体单独存在时的情况,图 1-1-1 (b) 将永磁体放入软磁体回路的间隙中,大部分磁力线通过软磁体和永磁体构成的回路。图中磁力线密度表示磁通量的密度。广义地讲,磁通量所通过的磁介质的路径叫磁路。大多数磁路含有磁性材料和工作气隙,完全由磁性材料构成的闭合磁路的情况也有不少。

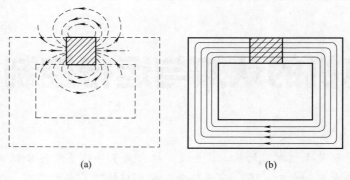

(a)   (b)

图 1-1-1 等效磁路

1.1.1.2 主磁通和漏磁通

在磁感应强度为 B 的匀强磁场中，有一个面积为 S 且与磁场方向垂直的平面，磁感应强度 B 与面积 S 的乘积，叫做穿过这个平面的磁通量，简称磁通（Flux），符号为 Φ，$\Phi = BS$，磁通 Φ 的单位：韦伯（Wb），$1\text{Wb} = 1\text{T} \cdot \text{m}^2$。

如图 1-1-2 所示，当线圈中通以电流后，大部分磁力线沿铁芯、衔铁和工作气隙构成回路，这部分磁通称为主磁通；还有一部分磁通，没有经过气隙和衔铁，而是经空气自成回路，这部分磁通称为漏磁通。

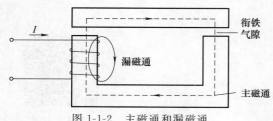

图 1-1-2 主磁通和漏磁通

1.1.1.3 磁感应强度、磁导率与磁场强度

磁感应强度是描述磁场强弱和方向的物理量，是矢量，常用符号 B 表示，国际通用单位为特斯拉（T），$1\text{T} = 1\text{Wb}/\text{m}^2$。磁感应强度也被称为磁通量密度或磁通密度。在物理学中磁场的强弱使用磁感应强度来表示，磁感应强度越大表示磁感应越强；磁感应强度越小，表示磁感应越弱。

磁导率表征磁介质磁性的物理量，表示在空间或在磁芯空间中的线圈流过电流后产生磁通的阻力，或者是其在磁场中导通磁力线的能力，磁导率 μ 的单位：亨/米（H/m）。其公式 $\mu = B/H$，其中 H 为磁场强度、B 为磁感应强度。

磁场强度描写磁场性质的物理量。用 H 表示，是矢量，磁场强度的单位：安培/米（A/m）。其定义式为 $H = B/\mu_0 - M$，式中 B 是磁感应强度，M 是磁化强度，μ_0 是真空中的磁导率，$\mu_0 = 4\pi \times 10^{-7} \text{H/m}$。

1.1.1.4 磁动势

通电线圈产生的磁通 Φ 与线圈的匝数 N 和线圈中所通过的电流 I 的乘积成正比。把通过线圈的电流 I 与线圈匝数 N 的乘积，称为磁动势，也叫磁通势，即

$$F = NI \tag{1-1-1}$$

磁动势 F 的单位是安培（A）。

1.1.1.5 磁阻

磁阻就是磁通通过磁路时所受到的阻碍作用，用 R_m 表示。磁路中磁阻的大小与磁路的长度 L 成正比，与磁路的横截面积 S 成反比，并与组成磁路的材料性质有关。因此有

$$R_\text{m} = \frac{L}{\mu S} \tag{1-1-2}$$

式中，μ 为磁导率，单位为 H/m，长度 L 和截面积 S 的单位分别为 m 和 m^2。因此，磁阻 R_m 的单位为 1/H。由于磁导率 μ 不是常数，所以 R_m 也不是常数。

1.1.1.6 铁磁物质磁化特性

铁磁物质包括铁、镍、钴等以及它们的合金。将这些材料放入磁场后，磁场会显著增强。铁磁材料在外磁场中呈现很强的磁性，此现象称为铁磁物质的磁化。铁磁物质能被磁化，是因为在它内部存在着许多很小的被称为磁畴的天然磁化区。在图 1-1-3 中磁畴用一些小磁铁表示。在铁磁物质未放入磁场之前，这些磁畴杂乱无章地排列着，其磁效应互相抵消，对外部不呈现磁性［图 1-1-3（a）］。一旦将铁磁物质放入磁场，在外磁场的作用下，磁畴的轴线将趋于一致［图 1-1-3（b）］。由此形成一个附加磁场，叠加在外磁场上，使合成磁场大为增强。由于磁畴所产生的附加磁场将比非铁磁物质在同一磁场强度下所激励的磁场强得多，所以铁磁材料的磁导率 μ_{Fe} 要比非铁磁材料大得多。

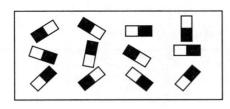
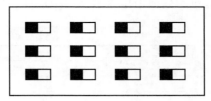

(a) 磁化前　　　　　　　　　　　(b) 磁化后

图 1-1-3　磁畴

高导磁性、磁饱和性和磁滞性是铁磁性材料的三大主要性能。

高导磁性即其相对磁导率 μ_r 很大，且随磁场强度 H 的不同而变化。利用优质的磁性材料可以实现励磁电流小、磁通足够大的目的，可以使同一容量的电机设备的重量和体积大大减小。

磁饱和性即磁性材料的磁化磁场 B（或 Φ）随着外磁场 H（或 I）的增强，并非无限地增强，而是当全部磁畴的磁场方向都转向与外磁场一致时，磁感应强度 B 不再增大，达到饱和值。亦即铁磁性材料的磁化曲线是非线性的，如图 1-1-4 所示。为了尽可能大地获得强磁场，一般电机铁芯的磁感应强度常设计在曲线的 $a \sim b$ 段。

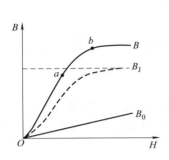
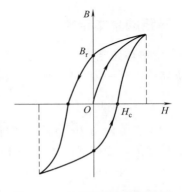

图 1-1-4　磁性材料的磁化曲线

B_J—磁场内磁性物质的磁化磁场磁感应强度曲线；

B_0—磁场内不存在磁性物质时的磁感应强度直线；

B—B_J 曲线和 B_0 直线的纵坐标相加即磁场的 B-H 磁化曲线

图 1-1-5　铁磁材料的磁滞回线

B_r—剩磁感应强度（剩磁），线圈中电流减小到零（$H=0$）时，铁芯中的磁感应强度；

H_c—矫顽磁力，使 $B=0$ 所需的 H 值

　　磁滞性则主要表现在当磁化电流为交变电流使磁性材料被反复磁化时，磁化曲线为封闭曲线，称为磁滞回线。磁滞回线具有对称性，B_m 为饱和磁感应强度，当磁化电流减小使 H 为 0 时，B 的变化滞后于 H，有剩磁 B_r，如图 1-1-5 所示。为消除剩磁，须加反向磁场 H_c，称为矫顽磁力。产生磁滞现象的原因是铁磁材料中磁分子在磁化中彼此具有摩擦力而互相牵制，由此引起的损耗叫磁滞损耗。

　　不同的铁磁性材料，其磁滞回线的面积不同，由此将铁磁材料分为三类：

　　第一类是软磁性材料，其磁滞回线呈细长条形，B_r 小，H_c 也小，磁导率高，易磁化也易退磁，常用作交流电器的铁芯，如硅钢片、坡莫合金、铸钢、铸铁、软磁铁氧体等；

　　第二类是硬磁性材料，磁滞回线呈阔叶形状，B_r 较大，H_c 也较大，常在扬声器、传感器、微电机及仪表中使用，是人造永久磁铁的主要材料，如钨钢、钴钢等；

　　还有一种磁滞回线呈矩形形状的铁磁材料，B_r 大，但 H_c 小，称为矩磁性材料，可以在电子计算机存储器中用作磁芯等记忆性元件。常见的铁磁性材料见表 1-1-1。

表 1-1-1　常用铁磁材料

材料	类　别		
	μ_{max}	B_r/T	$H_c/(A/m)$
铸铁	200	0.475～0.500	800～1040
硅钢片	8000～10000	0.800～1.200	32～64
坡莫合金	20000～2000000	1.100～1.400	4～24
碳钢		0.800～1.100	2400～3200
铁镍铝钴合金		1.100～1.350	40000～52000

　　铁磁性物质被磁化的性能，广泛应用于电子和电气设备中，如变压器、继电器、电机等。在电机和变压器里，常把线圈套装在铁芯上。当线圈内通有电流时，在线圈周围的空间（包括铁芯内、外）就会形成磁场。由于铁芯的导磁性能比空气要好得多，所以绝大部分磁通将在铁芯内通过，并在能量传递或转换过程中起耦合场的作用。

　　用以激励磁路中磁通的载流线圈称为励磁绕组，励磁绕组中的电流称为励磁电流。若励磁电流为直流，磁路中的磁通恒定，不随时间变化，这种磁路称为直流磁路；普通直流电机的磁路就属于这一类。若励磁电流为交流，磁路中的磁通随时间交变变化，如交流铁芯线圈、变压器和感应电机磁路，这种磁路称为交流磁路。

1.1.2　磁路的基本定律

1.1.2.1　安培环路定理

　　在磁路中沿任一闭合路径 L，磁场强度 H 的线积分等于该闭合回路所包围的总电流即：

$$\oint_L H \cdot dL = \sum I \tag{1-1-3}$$

电流的参考方向与闭合路径方向符合右手螺旋关系取正号，反之为负。

　　若沿长度 L，磁路强度 H 处处相等，且闭合回路所包围的总电流是由通过 I 的 N 匝线圈提供，则上式可写成：

$$HL = NI \tag{1-1-4}$$

1.1.2.2　磁路的欧姆定律

　　若铁芯上绕有通有电流 I 的 N 匝线圈，铁芯的截面积为 A，磁路的平均长度为 L，材料的磁导率为 μ，不计漏磁通，且各截面上的磁通密度为平均并垂直于各截面，则：

$$\Phi = \int B \cdot dA = BA \qquad (1\text{-}1\text{-}5)$$

因为

$$NI = Hl = \frac{B}{\mu}L = \frac{\Phi}{A\mu}L \qquad (1\text{-}1\text{-}6)$$

所以

$$\Phi = \frac{NI}{L/A\mu} = \frac{F}{R_m} \qquad (1\text{-}1\text{-}7)$$

所以

$$F = \Phi R_m \qquad R_m = L/\mu A$$

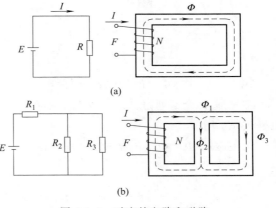

图 1-1-6　对应的电路和磁路

上式 $F = \Phi R_m$ 称为磁路的欧姆定律，与电路欧姆定律形式上相似。图 1-1-6 是相对应的两种电路和磁路。R_m 与电阻 R 对应，两者的计算公式相似，但铁磁材料的磁导率 μ 不是常数，所以 R_m 不是常数。表 1-1-2 列出了电路与磁路对应的物理量及其关系式。

表 1-1-2　电路和磁路中对应的物理量及其关系式

电路	磁路	电路	磁路
电动势 E	磁动势 $F_m = NI$	电压降 IR	磁压降 $Hl = \Phi \dfrac{l}{\mu S}$
电流 I	磁通量 Φ	欧姆定律 $I = \dfrac{E}{R}$;$I = \dfrac{\mu}{R}$	欧姆定律 $\Phi = \dfrac{F_m}{R_m}$
电导率 σ_i	磁导率 μ_i	基尔霍夫第一定律 $\sum I = 0$	基尔霍夫第一定律 $\sum \Phi = 0$

1.1.2.3　磁路的基尔霍夫第一定律

对于有分支磁路，任意取一闭合面 A，由磁通连续性的原则，穿过闭合面的磁通的代数和应为零，即：

$$\sum \Phi = 0 \qquad (1\text{-}1\text{-}8)$$

1.1.2.4　磁路的基尔霍夫第二定律

沿任何闭合磁路的总磁动势 $\sum NI$ 恒等于各段磁压降的代数和，即：

$$\sum NI = \sum_{k=1}^{n} H_k l_k \qquad (1\text{-}1\text{-}9)$$

1.1.3　铁芯线圈与电磁铁

1.1.3.1　铁芯线圈的电磁关系

铁芯线圈的电磁关系有两种，一种是直流励磁，另一种是交流励磁。直流励磁的铁芯线圈磁通恒定，电流 I 的大小只与线圈电阻 R 有关，功率损耗也只有 I^2R，即所谓铜损。而交流铁芯线圈的功率损耗，除铜损 $\Delta P_{Cu} = I^2 R$ 外，还有铁芯被反复磁化而产生的所谓铁损 ΔP_{Fe}，铁损是由磁滞性和铁芯中涡流产生的。交流铁芯线圈是变压器与交流电机的基础。

如图 1-1-2 所示的交流铁芯线圈，其磁动势 NI 产生的磁通大部分通过铁芯闭合，还有一小部分通过空气而闭合，前者称为主磁通 Φ，后者称为漏磁通 Φ_σ，这两个磁通都在线圈中产生感应电动势，即主磁电动势 e 和漏磁电动势 e_σ，其电磁关系可表示如下：

$$\mu \to I(IN) \quad \begin{array}{l} \nearrow \Phi \to e = -N\dfrac{\mathrm{d}\Phi}{\mathrm{d}t} \\ \\ \searrow \Phi_\sigma \to e_\sigma = -N\dfrac{\mathrm{d}\Phi_\sigma}{\mathrm{d}t} = -L_\sigma\dfrac{\mathrm{d}I}{\mathrm{d}t} \end{array}$$

式中，$L_\sigma = N\Phi_\sigma/I$＝常数，叫漏电感。

主磁通 Φ 全部通过铁芯，Φ 与 I 不存在线性关系，故其 L 不是常数。下面定量研究其电磁关系。

设主磁通 $\Phi = \Phi_\mathrm{m}\sin\omega t$ 则 $I = I_\mathrm{m}\sin(\omega t + \alpha)$，其中 $\alpha > 0$，主要是由铁芯的磁滞性所致，则：

$$e = -N\frac{\mathrm{d}\Phi}{\mathrm{d}t} = -N\omega\Phi_\mathrm{m}\cos\omega t = 2\pi fN\Phi_\mathrm{m}\sin(\omega t - 90°) = E_\mathrm{m}\sin(\omega t - 90°) \quad (1\text{-}1\text{-}10)$$

式中，$E_\mathrm{m} = 2\pi fN\Phi_\mathrm{m}$。

其有效值：

$$E = \frac{E_\mathrm{m}}{\sqrt{2}} = \frac{2\pi}{\sqrt{2}}fN\Phi_\mathrm{m} = 4.44fN\Phi_\mathrm{m} \quad (1\text{-}1\text{-}11)$$

1.1.3.2 铁芯损耗

（1）磁滞损耗

铁磁材料置于交变磁场中时，材料被反复交变磁化，磁畴相互间不断摩擦，消耗能量，造成损耗，这种损耗称为磁滞损耗。

实验证明，磁滞回线的面积与 B_m 的 n 次方成正比，故磁滞损耗亦可写成

$$P_\mathrm{h} = C_\mathrm{h}fB_\mathrm{m}^n V \quad (1\text{-}1\text{-}12)$$

式中，C_h 为磁滞损耗系数，其大小取决于材料性质；对一般电工钢片，$n = 1.6\sim2.3$。由于硅钢片磁滞回线的面积较小，故电机和变压器的铁芯常用硅钢片叠成。

（2）涡流损耗

当通过铁芯的磁通随时间变化时，根据电磁感应定律，铁芯中将产生感应电动势，并引起环流。环流在铁芯内部围绕磁通作旋涡状流动，称为涡流。涡流在铁芯中引起的损耗，称为涡流损耗。经推导可知，涡流损耗 P_e：

$$P_\mathrm{e} = C_\mathrm{e}\Delta^2 f^2 B_\mathrm{m}^2 V \quad (1\text{-}1\text{-}13)$$

式中，C_e 为涡流损耗系数，其大小取决于材料的电阻率；Δ 为钢片厚度。为减小涡流损耗，电机和变压器铁芯都用含硅量较高的薄硅钢片叠成。铁芯中磁滞损耗和涡流损耗之和，称为铁芯损耗，用 P_Fe 表示，即

$$\Delta P_\mathrm{Fe} = P_\mathrm{h} + P_\mathrm{e} = (C_\mathrm{h}fB_\mathrm{m}^n + C_\mathrm{e}\Delta^2 f^2 B_\mathrm{m}^2)V \quad (1\text{-}1\text{-}14)$$

对于一般的电工钢片，在正常的工作磁通密度范围内，式（1-1-14）可近似地写成

$$P_\mathrm{Fe} = C_\mathrm{Fe}f^{1.3}B_\mathrm{m}^2 G \quad (1\text{-}1\text{-}15)$$

式中，C_Fe 为铁芯的损耗系数；G 为铁芯重量。式（1-1-15）表明，铁芯损耗与频率的1.3 次方、磁通密度的平方和铁芯重量成正比。

单位体积中的磁滞损耗正比于磁滞回线的面积。它将引起铁芯发热，故交流电器的铁芯常采用软磁性材料。硅钢便是磁滞回线面积狭小的磁性材料，见图 1-1-7，为交流电机与变压器常用的铁芯材料。

涡流损耗是由交变电流在铁芯内产生的感应电流而引起的铁芯发热。涡流损耗的大小，不仅与单片铁芯的截面大小有关，而且与铁芯材料的电阻率、交变电流的频率有关，为了减小涡流损耗，在顺磁场方向上的铁芯采用彼此绝缘的薄叠形式，为增大铁芯电阻率，常在钢片中加入半导体材料（如：硅）。

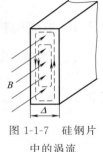

图 1-1-7 硅钢片中的涡流

当然，涡流也可以利用，如感应加热装置、高频冶炼炉等便是利用涡流的热效应来实现的。

综上所述，交流铁芯线圈的有功功率（功率损耗）为：

$$P = UI\cos\varphi = I^2 R_{CU} + \Delta P_{Fe}$$

其中 ΔP_{Fe} 的大小与铁芯中磁感应强度 B_m 的平方成正比，故 B_m 的选择不宜过大。R_{Cu} 即线圈内阻。也可将铁损等效为一个电阻 R_{Fe}，其值为 $\Delta P_{Fe}/I^2$，这样，铁芯线圈等效电阻便为：$R = R_{Cu} + R_{Fe}$。

（3）电磁铁

利用铁芯线圈通电吸合衔铁或其他零件断电便释放的一类电磁装置，是交、直流铁芯线圈最简单的应用。如电磁起重机、电磁吸盘、电磁式离合器、电磁继电器和接触器等，此类装置主要包括铁芯、线圈及衔铁三部分，结构形式通常有如图 1-1-8 所示的几种。

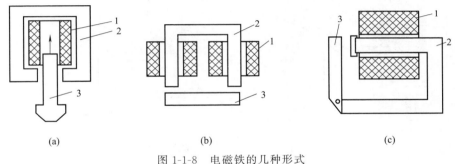

(a)　　　　　　　　　　(b)　　　　　　　　　　(c)

图 1-1-8 电磁铁的几种形式
1—线圈；2—铁芯；3—衔铁

此类装置的主要参数之一是它的吸力，吸力的大小与气隙的截面积 S_0 及气隙中磁感应强度 B_0 的平方成正比。

在交流电磁铁中，为了减小铁损，铁芯由钢片叠成。而在直流电磁铁中，铁芯是用整块软钢制成。交直流电磁铁除上述不同之处外，它们在吸合过程中电流和吸力的变化情况也不一样。

在直流电磁铁中，励磁电流仅与线圈电阻有关，不因气隙的大小而变。但在交流电磁铁的吸合过程中，线圈中电流变化很大。因为其中电流不仅与线圈电阻有关，还与线圈感抗有关。在吸合过程中，随着气隙的减小，磁阻减小，线圈的电感增大，因而电流逐渐减小。因此，如果由于某种机械障碍，衔铁或机械可动部分被卡住，通电后衔铁吸合不上，线圈中就流过较大电流而使线圈严重发热，甚至烧毁。

任务 1.2 直流电机的结构与原理

直流电机是指能将直流电能转换成机械能（直流电动机）或将机械能转换成直流电能

（直流发电机）的旋转电机，是能实现直流电能和机械能互相转换的电机。

1.2.1　直流电机的工作原理

1.2.1.1　直流电动机的工作原理

直流电动机工作原理是基于安培定律。根据实验可知，磁感应强度 $\boldsymbol{B}$ 与有效长度为 L 的载流导体相互垂直，且导体中通以电流 I，作用在该导体上的电磁力 F 为：

$$F = BIL \tag{1-2-1}$$

图 1-2-1 是一台直流电动机的最简单模型。N 和 S 是一对固定的磁极，可以是电磁铁或永久磁铁。磁极之间有一个可以转动的铁质圆柱体，称为电枢铁芯。铁芯表面固定一个用绝缘导体构成的电枢线圈 abcd，线圈的两端分别接到相互绝缘的两个半圆形铜片（换向片）上，它们组合在一起称为换向器，在每个半圆铜片上又分别放置一个固定不动而与之滑动接触的电刷 A 和 B，线圈 abcd 通过换向器和电刷接通外电路。

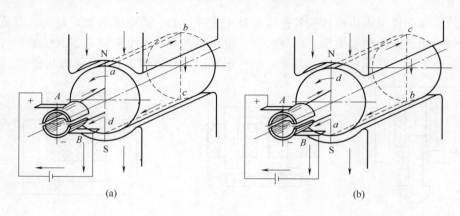

图 1-2-1　直流电动机工作原理示意图

直流电动机将外部直流电源加于电刷 A（正极）和 B（负极）上，则线圈 abcd 中流过电流，在导体 ab 中，电流由 a 指向 b，在导体 cd 中，电流由 c 指向 d。导体 ab 和 cd 分别处于 N、S 极磁场中，受到电磁力的作用。用左手定则可知导体 ab 和 cd 均受到电磁力的作用，且形成的转矩方向一致，这个转矩称为电磁转矩，为逆时针方向。这样，电枢就顺着逆时针方向旋转，如图 1-2-1（a）所示。当电枢旋转 180°，导体 cd 转到 N 极下，ab 转到 S 极下，如图 1-2-1（b）所示，由于电流仍从电刷 A 流入，使 cd 中的电流变为由 d 流向 c，而 ab 中的电流由 b 流向 a，从电刷 B 流出，用左手定则判别可知，电磁转矩的方向仍是逆时针方向。

由此可见，加于直流电动机的直流电源，借助于换向器和电刷的作用，使直流电动机电枢线圈中流过的电流，方向是交变的，从而使电枢产生的电磁转矩的方向恒定不变，确保直流电动机朝确定的方向连续旋转。这就是直流电动机的基本工作原理。

实际的直流电动机，电枢圆周上均匀地嵌放许多线圈，相应地换向器由许多换向片组成，使电枢线圈所产生的总的电磁转矩足够大并且比较均匀，电动机的转速也就比较均匀。

1.2.1.2　直流发电机工作原理

　　直流发电机的工作原理基于电磁感应原理。长度为 L 的导体在磁感应强度为 $\boldsymbol{B}$ 的磁场内以速度 V 做切割磁力线运动时，在导体内就有感应电动势产生，其值大小为：

$$e = BLV \tag{1-2-2}$$

二维码 1-1
直流发电机
结构原理

　　直流发电机的模型与直流电动机模型相同，不同的是用原动机（如汽轮机等）拖动电枢朝某一方向（例如逆时针方向）旋转，如图 1-2-2（a）所示。这时导体 ab 和 cd 分别切割 N 极和 S 极下的磁力线，产生感应电动势，电动势的方向用右手定则确定。产生电枢转过 180°后，导体 cd 与导体 ab 交换位置，但电刷的正负极性不变，如图 1-2-2（b）所示。可见，同直流电动机一样，直流发电机电枢线圈中的感应电动势的方向也是交变的，而通过换向器和电刷的整流作用，在电刷 A、B 上输出的电动势是极性不变的直流电动势。在电刷 A、B 之间接上负载，发电机就能向负载供给直流电能。这就是直流发电机的基本工作原理。

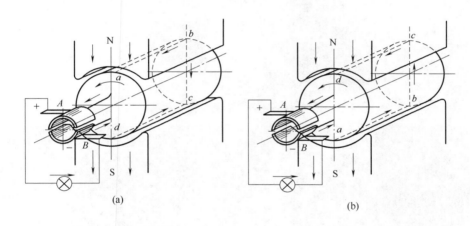

(a)　　　　　　　　　　　　(b)

图 1-2-2　直流发电机工作原理示意图

　　从以上分析可以看出：一台直流电机原则上可以作为电动机运行，也可以作为发电机运行，取决于外界不同的条件。将直流电源加于电刷，输入电能，电机能将电能转换为机械能，拖动生产机械旋转，作电动机运行；如用原动机拖动直流电机的电枢旋转，输入机械能，电机能将机械能转换为直流电能，从电刷上引出直流电动势，作发电机运行。同一台电机，既能作电动机运行，又能作发电机运行的原理，称为电机的可逆原理。

1.2.2　直流电机的结构

　　直流电机的结构由定子和转子两大部分组成，见图 1-2-3。直流电机运行时静止不动的部分称为定子，定子的主要作用是产生磁场，由机座、主磁极、换向极、端盖、轴承和电刷装置等组成。运行时转动的部分称为转子，其主要作用是产生电磁转矩和感应电动势，是直流电机进行能量转换的枢纽，所以通常又称为电枢，由转轴、电枢铁芯、电枢绕组、换向器和风扇等组成。装配后的电机如图 1-2-4 所示。

二维码 1-2
串励直流电
机的工作原
理及结构

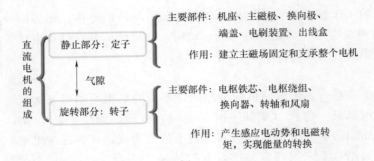

图 1-2-3 直流电机的组成

直流电机装配全貌(汽车起动马达)

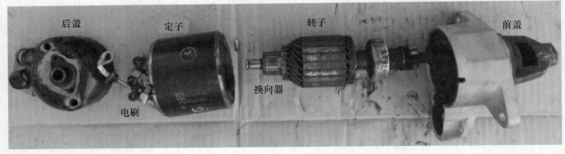

图 1-2-4 直流电机装配结构图

1.2.2.1 定子

（1）主磁极

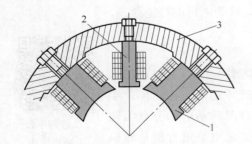

图 1-2-5 电机中的主磁极和换向极
1—主磁极；2—换向极；3—磁轭

主磁极的作用是产生气隙磁场。主磁极由主磁极铁芯和励磁绕组两部分组成。铁芯一般用 0.5～1.5mm 厚的硅钢板冲片叠压铆紧而成，分为极身和极靴两部分，上面套励磁绕组的部分称为极身，下面扩宽的部分称为极靴，极靴宽于极身，既可以调整气隙中磁场的分布，又便于固定励磁绕组。励磁绕组用绝缘铜线绕制而成，套在主磁极铁芯上。整个主磁极用螺钉固定在机座上，如图 1-2-5 所示。

（2）换向极

换向极的作用是改善换向，减小电机运行时电刷与换向器之间可能产生的换向火花，一般装在两个相邻主磁极之间，由换向极铁芯和换向极绕组组成，如图 1-2-6 所示。换向极绕组用绝缘导线绕制而成，套在换向极铁芯上，换向极的数目与主磁极相等。

（3）机座

电机定子的外壳称为机座，见图 1-2-4。机座的作用有两个：一是用来固定主磁极、换向极和端盖，并对整个电机起支承和固定作用；二是机座本身也是磁路的一部分，借以构成磁极之间磁的通路，磁通通过的部分称为磁轭。为保证机座具有足够的机械强度和良好的导磁性能，采用铸钢件或由钢板焊接而成。

（4）电刷装置

电刷装置用来引入或引出直流电压和直流电流，如图 1-2-7 所示。电刷装置由电刷、刷握、刷杆和刷杆座等组成。电刷放在刷握内，用弹簧压紧，使电刷与换向器之间有良好的滑动接触，刷握固定在刷杆上，刷杆装在圆环形的刷杆座上，相互之间必须绝缘。刷杆座装在端盖或轴承内盖上，圆周位置可以调整，调好以后加以固定。

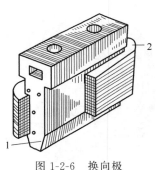

图 1-2-6　换向极

1—换向极铁芯；2—换向极绕组

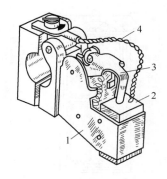

图 1-2-7　电刷装置

1—刷握；2—电刷；3—压紧弹簧；4—刷辫

1.2.2.2　转子（电枢）

（1）电枢铁芯

电枢铁芯是主磁路的主要部分，同时用以嵌放电枢绕组。一般电枢铁芯采用由 0.5mm 厚的硅钢片冲制而成的冲片叠压而成，冲片的形状如图 1-2-8（a）所示，以降低电机运行时

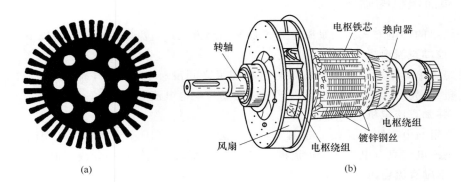

(a)　　　　　　　　　　　　　(b)

图 1-2-8　转子结构

电枢铁芯中产生的涡流损耗和磁滞损耗。叠成的铁芯固定在转轴或转子支架上。铁芯的外圆开有电枢槽，槽内嵌放电枢绕组。

（2）电枢绕组

电枢绕组的作用是产生电磁转矩和感应电动势，是直流电机进行能量变换的关键部件，所以叫电枢。它由许多线圈（以下称元件）按一定规律连接而成，线圈采用高强度漆包线或玻璃丝包扁铜线绕成，不同线圈的线圈边分上下两层嵌放在电枢槽中，线圈与铁芯之间以及上、下两层线圈边之间都必须妥善绝缘。为防止离心力将线圈边甩出槽外，槽口用槽楔固定，如图 1-2-9 所示。线圈伸出槽外的端接部分用热固性无纬玻璃带进行绑扎。

（3）换向器

在直流电动机中，换向器配以电刷，能将外加直流电转换为电枢线圈中的交变电流，使电磁转矩的方向恒定不变；在直流发电机中，换向器配以电刷，能将电枢线圈中感应产生的交变电动势转换为正、负电刷上引出的直流电动势。换向器是由许多换向片组成的圆柱体，换向片之间用云母片绝缘，换向片的紧固通常如图 1-2-10 所示，换向片的下部做成鸽尾形，两端用钢制 V 形套筒和 V 形云母环固定，再用螺母锁紧。

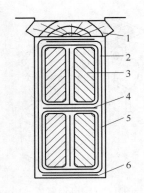

图 1-2-9　电枢绕组的结构

1—槽楔；2—线圈绝缘；3—电枢导体；
4—层间绝缘；5—槽绝缘；6—槽底绝缘

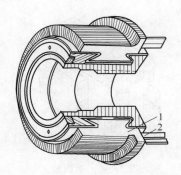

图 1-2-10　换向器结构

1—换向片；2—连接部分

（4）转轴

转轴起转子旋转的支承作用，需有一定的机械强度和刚度，一般用圆钢加工而成。

1.2.3　直流电机的励磁方式

励磁绕组的供电方式称为励磁方式，根据励磁方式，直流电机可以分为以下 4 类。

1.2.3.1　他励直流电机

励磁绕组由其他直流电源供电，与电枢绕组之间没有电的联系，如图 1-2-11 所示。永磁直流电机也属于他励直流电机，因其励磁磁场与电枢电流无关。

1.2.3.2　并励直流电机

励磁绕组与电枢绕组并联，如图 1-2-12 所示。励磁电压等于电枢绕组端电压。以上两类电机的励磁电流只有电机额定电流的 $1\% \sim 5\%$，所以励磁绕组的导线细而匝数多。

1.2.3.3　串励直流电机

励磁绕组与电枢绕组串联，如图 1-2-13 所示。励磁电流等于电枢电流，所以励磁绕组

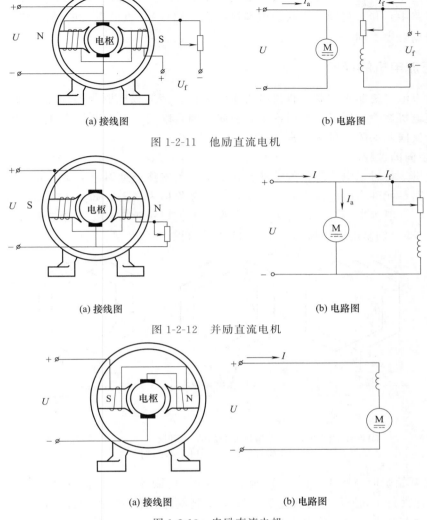

(a) 接线图　　　　　　　　　　　　(b) 电路图

图 1-2-11　他励直流电机

(a) 接线图　　　　　　　　　　　　(b) 电路图

图 1-2-12　并励直流电机

(a) 接线图　　　　　　　　　　　(b) 电路图

图 1-2-13　串励直流电机

的导线粗而匝数较少。

1.2.3.4　复励直流电机

每个主磁极上套有两套励磁绕组：一个与电枢绕组并联，称为并励绕组；一个与电枢绕组串联，称为串励绕组，如图 1-2-14 所示。两个绕组产生的磁动势方向相同时称为积复励，

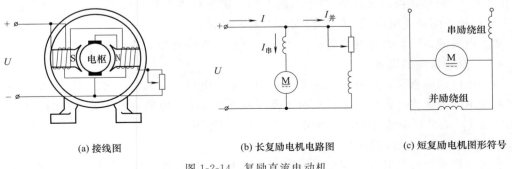

(a) 接线图　　　　　　(b) 长复励电机电路图　　　　　(c) 短复励电机图形符号

图 1-2-14　复励直流电动机

两个磁势方向相反时称为差复励，通常采用积复励方式。复励又可分为长复励（串联绕组串接在电枢回路中）和短复励（串联绕组串接在总回路中）。直流电机的励磁方式不同，运行特性和适用场合也不同。

1.2.4 直流电机的换向

换向对直流电机非常重要，直流电机换向不良，会造成电刷与换向器之间产生电火花，严重时会使电机烧毁。所以，要讨论影响换向的因素以及产生电火花的原因，进而采取有效的方法改善换向，保障电机的正常运行。

1.2.4.1 换向的过程

直流电机运行时，电枢绕组的元件旋转，从一条支路经过固定不动的电刷短路，然后进入另一条支路，元件中的电流方向将改变，这一过程称为换向，如图 1-2-15 所示。设 b_S 为电刷的宽度，一般等于一个换向片 b_K 的宽度，电枢以恒速 V_a 从左向右移动，T_K 为换向周期，S_1、S_2 分别是电刷与换向片 1、2 的接触面积。

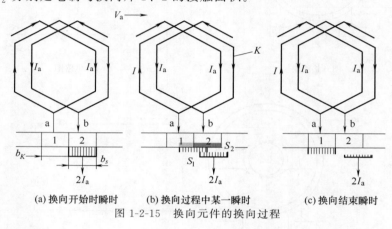

(a) 换向开始时瞬时　　　(b) 换向过程中某一瞬时　　　(c) 换向结束瞬时

图 1-2-15　换向元件的换向过程

① 换向开始瞬时，图 1-2-15（a）所示，$t=0$，电刷完全与换向片 2 接触，$S_1=0$，S_2 为最大，换向元件 K 位于电刷的左边，属于左侧支路元件之一，元件 K 中流的电流 $I=+I_a$，由相邻两条支路而来的电流为 $2I_a$，经换向片 2 流入电刷。

② 在换向过程中，图 1-2-15（b）所示，$t=T_K/2$，电枢转到电刷与换向片 1、2 各接触一部分，换向元件 K 被电刷短路，按设计希望此时 K 中的电流 $I=0$，由相邻两条支路而来的电流为 $2I_a$，经换向片 1、2 流入电刷。

③ 换向结束瞬时，图 1-2-15（c）所示，$t=T_K$，电枢转到电刷完全与换向片 1 接触，S_1 为最大，$S_2=0$，换向元件 K 位于电刷右边，属于右侧支路元件之一，K 中流过的电流 $I=-I_a$，相邻两条支路电流 $2I_a$ 经换向片 1 流入电刷。

随着电机的运行，每个元件轮流经历换向过程，周而复始，连续进行。

1.2.4.2 影响换向的因素

影响换向的因素很多，有机械因素、化学因素，但最主要的是电磁因素。机械方面可通过改善加工工艺解决，化学方面可通过改善环境进行解决。电磁方面主要是换向元件 K 中，附加电流 I_K 的出现而造成的，下面分析产生 I_K 的原因。

（1）理想换向（直线换向）

换向过程所经过的时间（即换向周期 T_K）极短，只有几毫秒，如果换向过程中，换向

元件 K 中没有附加其他的电动势，则换向元件 K 的电流 I 均匀地从 $+I_a$ 变化到 $-I_a$（$+I_a \to 0 \to -I_a$），如图 1-2-16 曲线 1 所示，这种换向称为理想换向，也称直线换向。

（2）延迟换向

电机换向希望是理想换向，但由于影响换向的主要因素——电磁因素的存在，使得换向不理想，而出现了延迟换向，引起火花。电磁因素的影响有电抗电动势以及电枢反应电动势两种情况。

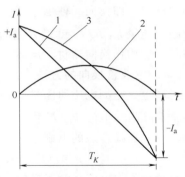

图 1-2-16 直线换向与延时换向

① 电抗电动势 e_X：电抗电动势又可分为自感电动势 e_L 与互感电动势 e_M。由于换向过程中，元件 K 内的电流变化，按照楞次定律将在元件 K 内产生自感电动势 $e_L = -L_d I_a / dt$；另外，其他元件的换向将在元件 K 内产生互感电动势 $e_M = -M_d I_a / dt$，则

$$e_X = e_L + e_M \tag{1-2-3}$$

e_X 总是阻碍换向元件内电流 I 变化的，即 e_X 与换向前电流 $+I_a$ 方向相同，即阻碍换向电流减少的变化。

② 电枢反应电动势（旋转电动势）e_V：电机负载时，电枢反应使气隙磁场发生畸变，几何中性线处磁场不再为零，这时处在几何中性线上的换向元件 K 将切割该磁场，而产生电枢反应电动势 e_V；电动机的物理中性线逆着旋转方向偏离一角度，按右手定则，可确定 e_V 的方向，如图 1-2-17 所示，e_V 与换向前电流 I_a 方向相同。

③ 附加电流 I_K：元件换向过程中将被电刷短接，除了换向电流 I 外，由于 e_X 与 e_V 的存在，产生了附加电流 I_K。

$$I_K = (e_X + e_V)/(R_1 + R_2) \tag{1-2-4}$$

式中，R_1、R_2 分别为电刷与换向片 1、2 的接触电阻。I_K 与 $e_X + e_V$ 方向一致，并且都阻碍换向电流的变化，即与换向前电流 $+I_a$ 方向相同。I_K 的变化规律如图 1-2-16 中曲线 2 所示。这时换向元件的电流是曲线 1 与 2 的叠加，即如图 1-2-16 中曲线 3 所示。可见，使得换向元件中的电流从 $+I_a$ 变化到零所需的时间比直线换向延迟了，所以称作延迟换向。

④ 附加电流对换向的影响。由于 I_K 的出现，破坏了直线换向时电刷下电流密度的均匀性，从而使后刷端电流密度增大，导致过热，前刷端电流密度减小，如图 1-2-18 所示。当

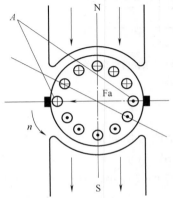

图 1-2-17 换向元件 K 中产
生的电枢反映电动势

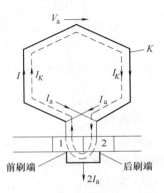

图 1-2-18 延时换向时附
加电流的影响

换向结束，即换向元件 K 的换向片脱离电刷瞬间，I_K 不为零，换向元件 K 中储存的一部分磁场能量 $L_K I_K^2/2$ 就以火花的形式在后刷端放出，这种火花称为电磁性火花。当火花强烈时，会灼伤换向器材、烧坏电刷，最终导致电机不能正常运行。

1.2.4.3　改善换向的方法

产生火花的电磁原因是换向元件中出现了附加电流 I_K，因此要改善换向，就得从减小、甚至消除附加电流 I_K 着手。

（1）选择合适的电刷

从 $I_K=(e_X+e_V)/(R_1+R_2)$ 可见，当 e_X+e_V 一定时，可以选择接触电阻较大的电刷，从而减小附加电流，改善换向。但它又引起了损耗增加及电阻压降增大，发热加剧，电刷允许流过的电流密度减小，这就要求应同时增大电刷面积和换向器的尺寸。因此，选用电刷必须根据实际情况全面考虑，在维修更换电刷时，要注意选用原牌号。若无相同牌号的电刷，应选择性能接近的电刷，并全部更换。

（2）移动电刷位置

如将直流电机的电刷从几何中性线 $n—n$ 移动到超过物理中性线 $m—m$ 的适当位置，如图 1-2-19 中 $v—v$ 所示，换向元件位于电枢磁场极性相反的主磁极下，则换向元件中产生的旋转电动势为一负值，使（e_X-e_V）≈0，$I_K\approx0$，电机便处于理想换向。所以直流电动机应逆着旋转方向移动电刷，如图 1-2-19（a）所示。但是，电动机负载一旦发生变化，电枢反应强弱也就随之发生变化，物理中性线偏离几何中性线的位置也就随之发生变化，这就要求电刷的位置应做相应的重新调整，实际中是很难做到。因此，这种方法只有在小容量电机中才采用。

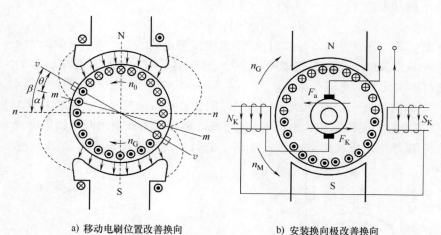

a）移动电刷位置改善换向　　　　　b）安装换向极改善换向

图 1-2-19　改善换向的方法

（3）装置换向极

直流电机容量在 1kW 以上一般均装有换向极，这是改善换向最有效的方法，换向极安装在相邻两主磁极之间的几何中性线上，如图 1-2-19（b）所示。改善换向的作用是在换向区域（几何中性线附近）建立一个与电枢磁动势 F_a 相反的换向极磁动势 F_K，它除了抵消换向区域的电枢磁动势 F_a（使 $e_V=0$）之外，还要建立一个换向极磁场，使换向元件切割换向极磁场产生一个与电抗电动势 e_X 大小相等、方向相反的电动势 e'_V，使得 $e'_V+e_X=0$，

则 $I_K = 0$，成为理想换向。

为了使换向极磁动势产生的电动势随时抵消 e_X 和 e_V，换向极绕组应与电枢绕组串联，这时流过换向极绕组上的电流 I_a，产生的磁动势与 I_a 成正比，且与电枢磁动势方向相反便可随时抵消。

换向极极性应首先根据电枢电流方向，用右手螺旋定则确定电枢磁动势轴线方向，然后应保证换向极产生的磁动势与电枢磁动势方向相反，而互相抵消，即电动机换向极极性应与顺着电枢旋转方向的下一个主磁极极性相反，如图 1-2-19（b）所示。

（4）补偿绕组

在大容量和工作繁重的直流电机中，在主极极靴上专门冲出一些均匀分布的槽，槽内嵌放一种所谓补偿绕组。补偿绕组与电枢绕组串联，因此补偿绕组的磁动势与电枢电流成正比，并且补偿绕组连接使其磁动势方向与电枢磁动势相反，以保证在任何负载情况下都能抵消电枢磁动势，从而减少了由电枢反应引起气隙磁场的畸变。电枢反应不仅给换向带来困难，而且在极弧下增磁区域内可使磁通密度达到很大数值。当元件切割该处磁场时，会感应出较大的电动势，以致使处于该处换向片间的电位差较大。当这种换向片间电位差的数值超过一定限度，就会使换向片间的空气游离而击穿，在换向片间产生电火花。在换向不利的条件下，若电刷与换向片间发生的火花延伸到片间电压较大处，与电位差火花连成一片，将导致正负电刷之间有很长的电弧连通，造成换向器整个圆周上发生环火，以致烧坏换向器。所以，直流电机中安装补偿绕组也是保证电机安全运行的措施，但由于结构复杂，成本较高，一般直流电机中不采用。

1.2.5 直流电机中的基本物理量

根据电磁定律可知，无论是直流发电机还是直流电动机，当其运行时，电枢绕组切割了磁场，就要产生感应电动势，由于电枢绕组中又有电流通过（带负载），其与磁场的作用就会产生电磁转矩。

1.2.5.1 电枢感应电动势 E_a

电枢电动势是指直流电机正、负电刷之间的感应电动势，也就是每个支路里的感应电动势。在直流电机中，感应电动势是由于电枢绕组和磁场之间的相对运动即导线切割磁力线而产生的。根据实际电机电枢绕组的总导体数和支路数，通过分析计算，可以得出直流电机电枢绕组的感应电动势 E_a，其表达式为

$$E_a = C_e \Phi n \tag{1-2-5}$$

式中 E_a——电枢电动势，V；

C_e——电动势常数，$C_e = pN/60a$，p、N 和 a 分别为磁极对数、电枢绕组总导体数和并联支路对数，对于已制成的电机为常数；

Φ——气隙中每极磁通，Wb；

n——电机转速，r/min。

由此可见，电动势 E_a 的大小与定子磁场的磁感应强度和电机的转速成正比。直流电机感应电势的方向，由磁场的方向和转速的方向来确定的，只要改变其中任一量的方向，则感应电动势方向就会改变，其实际方向由右手定则确定。

当直流电机运行于电动状态时，感应电动势的方向与电枢电流的实际方向相反，电机吸收电网电能，故称这时的感应电动势为反电动势。正是反电动势限制了电流在电枢中的流

动。忽略电机电感时，可得直流电动机电压平衡方程为

$$U = E_a + R_a I_a \tag{1-2-6}$$

式中　U——电动机电源电压，V；

　　　E_a——电枢反电动势，V；

　　　R_a——电枢绕组电阻，Ω；

　　　I_a——电枢支路电流，A。

当直流电机运行于发电状态时，感应电动势的方向与电枢电流的实际方向相同。产生的感应电动势通过电刷向外电路供电，此时电流的方向与感应电动势的方向一致。其电压平衡方程为

$$E_a = U + R_a I_a \tag{1-2-7}$$

式中　E_a——发电机感应电动势，V；

　　　U——发电机端电压，V。

1.2.5.2　电磁转矩 T

在直流电机中，电磁转矩是由电枢电流与气隙磁场相互作用而产生的电磁力所形成的。根据电磁力定律，当电枢绕组有电枢电流流过时，在磁场内将受到电磁力的作用，该力与电机电枢铁芯半径的乘积为电磁转矩。由于电枢绕组中各元件所产生的电磁转矩是同方向的，因此，只要根据电磁力理论计算出一根导体的平均电磁力及其转矩，乘上电枢绕组所有的导体数，就可计算出总的电磁转矩。其表达式为

$$T = C_T \varPhi I_a \tag{1-2-8}$$

式中　T——电磁转矩，N·m；

　　　C_T——电机转矩常数，$C_T = pN/(2\pi a) = 9.55 C_e$，取决于电机结构；

　　　$\varPhi$——每极磁通，Wb；

　　　I_a——电枢电流，A。

电磁转矩的方向是由电枢绕组电流与磁场方向来确定的，只要改变其中任一量的方向，则电磁转矩的方向就要改变，其实际方向由左手定则判断。当直流电机运行于电动工作状态时，电磁转矩的方向与转速的方向相同，起驱动作用，为拖动转矩，说明此时的电机输出了机械能。当直流电机工作于发电（制动）状态时，其电磁转矩的方向与转速的方向相反，是阻转矩，说明此时电机在吸收机械能。

1.2.5.3　电磁功率 P_{em}

由力学可知，机械功率可以表示为转矩和转子机械角速度 $\varOmega$ 的乘积，可得出下列关系

$$T\varOmega = E_a I_a \tag{1-2-9}$$

上式表明，发电机的电磁转矩 T 作为原动机拖动阻转矩来吸收原动机输入电机的机械功率 $T\varOmega$，通过电磁感应作用将其转变为电功率 $E_a I_a$。反之，作为电动机的反电动势从电源吸收电功率 $E_a I_a$，并将其转换为机械功率 $T\varOmega$。所以无论是电动机，还是发电机，其能量变换过程中，机械功率变换为电功率或电功率变换为机械功率的这部分功率称为电磁功率 P_{em}，并有

$$P_{em} = T\varOmega = E_a I_a \tag{1-2-10}$$

对电动机，电枢回路输入的电功率为

$$P_1 = UI = UI_a = (E_a + I_a R_a) I_a = E_a I_a + I_a^2 R_a = P_{em} + \Delta P_{Cu} \tag{1-2-11}$$

式中　P_1——电动机输入的电功率 W；

P_{em}——电动机的电磁功率 W；

ΔP_{Cu}——电动机的铜损耗 W。

电磁功率在转换成电动机轴上的输出功率 P_2 的过程中，有一小部分电动机的机械损耗和铁损耗（总称空载损耗），用 ΔP_0 表示。则

$$P_1 = P_2 + \Delta P_0 + \Delta P_{Cu} = P_2 + \Delta P \tag{1-2-12}$$

对直流发电机，上式中 P_1 为原动机输入给发电机的机械功率，输出的电功率为 P_2。直流电机的效率 η 为

$$\eta = P_2/P_1 \times 100\% = P_2/(P_2 + \Delta P_{Cu} + \Delta P_0) \times 100\% \tag{1-2-13}$$

1.2.5.4　电磁功率和电磁转矩之间的关系

根据电磁功率的公式（1-2-9），可得

$$T = P_{em}/\Omega = P_{em}/(2\pi n/60) = 9.55 P_{em}/n \tag{1-2-14}$$

式中　T——电磁转矩，N·m；

P_{em}——电磁功率，W；

n——电机转速，r/min。

【例 1-2-1】　一台并励直流电动机的额定数据如下：$P_N = 17\text{kW}$，$U_N = 220\text{V}$，$n_N = 3000\text{r/min}$，$I_N = 88.9\text{A}$，电枢回路电阻 $R_a = 0.0896\Omega$，励磁回路电阻 $R_f = 181.5\Omega$，若忽略电枢反应的影响，试求：（1）电动机的额定输出转矩；（2）在额定负载时的电磁转矩；（3）额定负载时的效率；（4）在理想空载（$I_a = 0$）时的转速；（5）当电枢回路串入电阻 $R = 0.15\Omega$ 时，在额定转矩时的转速。

【解】　（1）额定输出转矩：$T_N = \dfrac{P_N}{\Omega_N} = \dfrac{17000 \times 60}{2\pi \times 3000} = 54.1$（N·m）

（2）额定负载时，励磁回路电流：$I_{fN} = \dfrac{U_N}{R_f} = \dfrac{220}{181.5} = 1.212$（A）

电枢回路电流：$I_{aN} = I_N - I_{fN} = 88.9 - 1.212 = 87.688$（A）

感应电动势：$E_{aN} = U_N - I_{aN}R_a = 220 - 87.688 \times 0.0896 = 212.14$（V）

电磁功率：$P_{eN} = E_{aN}I_{aN} = 212.14 \times 87.688 = 18602.13$（W）

电磁转矩：$T_{eN} = \dfrac{P_{eN}}{\Omega_N} = \dfrac{18602.13 \times 60}{2\pi \times 3000} = 59.2$（N·m）

（3）空载转矩：$T_0 = T_{eN} - T_N = 59.2 - 54.1 = 5.1$（N·m）

空载功率：$P_0 = T_0 \Omega = 5.1 \times \dfrac{2\pi \times 3000}{60} = 1602.2$（W）

输入电功率：$P_{1N} = P_{eN} + P_{cua} + P_{cuf}$

$\qquad\qquad\qquad = P_{eN} + I_a^2 R_a + I_f^2 R_f$

$\qquad\qquad\qquad = 18602.13 + 87.688^2 \times 0.0896 + 1.212^2 \times 181.5$

$\qquad\qquad\qquad = 19557.7$（W）

效率：$\eta_N = \dfrac{P_N}{P_{1N}} \times 100\% = 86.9\%$

（4）理想空载转速：$n_0 = \dfrac{U_N}{C_e\Phi} = \dfrac{U_N n_N}{E_{aN}} = \dfrac{220 \times 3000}{212.14} = 3111.2$（r/min）

（5）因为调速前后 T_e 不变，所以 I_a 不变，感应电动势变为：

$$E'_a = U_N - I_a (R_a + R) = 220 - 87.688 \times (0.0896 + 0.15) = 199 \ (V)$$

转速：$n' = \dfrac{n_N}{E_{aN}} \cdot E'_a = \dfrac{3000}{212.14} \times 199 = 2814.2 \ (r/min)$

1.2.6 直流电机的铭牌数据

电机制造厂按照国家标准，根据电机的设计和试验数据所规定的每台电机的主要数据称为电机的额定值。额定值一般标在电机的铭牌或产品说明书上。图 1-2-20 为某台直流电动机的铭牌数据。

直流电动机		
型号 Z4－200－21	功率 75kW	电压 440V
电流 188A	额定转速 1500r/ min	励磁方式 他励
励磁功率 1170W		
绝缘等级 F	定额 S1	重量 515kg
产品编号	生产日期	
××电机厂		

图 1-2-20 直流电动机的铭牌数据

1.2.6.1 型号

型号表明该电机所属的系列及主要特点。为了产品的标准化和通用化，电机制造厂生产的产品多是系列电机。所谓系列电机，就是指在应用范围、结构形式、性能水平、生产工艺方面有共同性，功率按一定比例系数递增，并成批生产的一系列电机。直流电机的型号含义如图 1-2-21 所示。

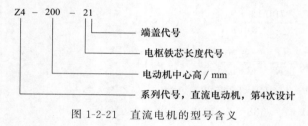

图 1-2-21 直流电机的型号含义

1.2.6.2 额定值

① 额定功率 P_N：指电机在额定运行时的输出功率，对发电机是指输出的电功率，对电动机是指输出的机械功率（W 或 kW）。图 1-2-20 中额定功率为 75kW。

② 额定电压 U_N：指在额定运行状况下，直流发电机的输出电压或直流电动机的输入电压（V 或 kV）。图 1-2-20 中额定电压为 440V。

③ 额定电流 I_N：指额定电压和额定负载时，允许电机长期输出（发电机）或输入（电动机）的电流（A）。图 1-2-20 中额定电流为 188A。

对发电机，有

$$P_N = U_N I_N \tag{1-2-15}$$

对电动机，有

$$P_N = U_N I_N \eta_N \tag{1-2-16}$$

式中　η_N——额定效率。

④ 额定转速 n_N：指电机在额定电压和额定负载时的旋转速度（r/min）。图 1-2-20 中额定转速为 1500r/min。

1.2.6.3　励磁方式

励磁绕组获得电流的方式称为励磁方式。图 1-2-20 中励磁方式为他励。

1.2.6.4　绝缘等级

绝缘等级表示电机各绕组及其他绝缘部件所用绝缘材料的等级。绝缘材料按耐热性能可分为 7 个等级，如表 1-2-1 所示。目前国产电机使用 4 个等级的绝缘材料，分别为 B、F、H、C。图 1-2-20 中为绝缘等级 F 级。

表 1-2-1　绝缘材料耐热性能等级

绝缘等级	Y	A	E	B	F	H	C
最高允许温度/℃	90	105	120	130	155	180	大于 180

1.2.6.5　定额工作制

定额工作制指电机按铭牌值工作时，可以持续运行的时间和顺序。定额分连续定额、短时定额和断续定额三种，分别用 S1、S2、S3 表示。图 1-2-20 中定额为 S1。

① 连续定额 S1：表示电机按铭牌值工作时可以长期连续运行。

② 短时定额 S2：表示电机按铭牌值工作时只能在规定的时间内短时运行。我国规定的短时运行时间为 10min、30min、60min 及 90min 四种。

③ 断续定额 S3：表示电机按铭牌值工作时，运行一段时间就要停止一段时间，周而复始地按一定周期重复运行。我国规定的负载持续率为 15%、25%、40% 及 60% 四种。

额定值一般标在电机的铭牌上，故又称为铭牌数据。还有一些额定值，例如额定转矩 T_N 和额定温升 τ_N 等，不一定标在铭牌上，可查产品说明书或由铭牌上的数据计算得到。其中，直流电机的额定转矩计算公式为

$$T_N = 9550 P_N / n_N \tag{1-2-17}$$

式中　T_N——额定转矩，N·m；

　　　P_N——额定功率，kW；

　　　n_N——额定转速，r/min。

直流电机运行时，若各个物理量都与它的额定值一样，就称为额定运行状态或额定工况。在额定状态下，电机能可靠地工作，并具有良好的性能。但实际应用中，电机不总是运行在额定状态。如果流过电机的电流小于额定电流，称为欠载运行，长期欠载，电机没有得到充分利用，效率降低，不经济。超过额定电流，称为过载运行。长期过载有可能因过热而损坏电机。长期过载或欠载运行都不好，为此选择电机时，应根据负载的要求，尽量让电机工作在额定状态。

【例 1-2-2】　一台直流电动机其额定功率 $P_N = 160kW$，额定电压 $U_N = 220V$，额定效率 $\eta_N = 90\%$，额定转速 $n_N = 1500r/min$，求该电动机额定运行状态时的输入功率 P_1、额定电流 I_N 及额定转矩 T_N 各是多少？

【解】　额定输入功率

$$P_1 = P_N / \eta_N = 160000 \div 0.9 = 177800 \text{（W）}$$

额定电流

$$I_N = P_N / U_N \eta_N = 160000/220 \times 0.9 = 808.1 \text{（A）}$$

额定转矩

$$T_{\mathrm{N}}=9550P_{\mathrm{N}}/n_{\mathrm{N}}=9550\times160\div1500=1018.7\ (\mathrm{N\cdot m})$$

【例 1-2-3】　一台并励直流电动机，在某负载时，$U=220\mathrm{V}$，$I=70\mathrm{A}$，$n=1000\mathrm{r/min}$，$R_{\mathrm{a}}=0.2\Omega$，现把负载减少，使转速升到 1030r/min，忽略励磁电流，求此时电动机取用的电流。

【解】　根据公式 $U=E_{\mathrm{a}}+R_{\mathrm{a}}I_{\mathrm{a}}$ 和公式 $E_{\mathrm{a}}=C_{\mathrm{e}}\Phi n$ 有

$$U=E_{\mathrm{a}}+R_{\mathrm{a}}I_{\mathrm{a}}=C_{\mathrm{e}}\Phi n+R_{\mathrm{a}}I_{\mathrm{a}}$$

得出

$$C_{\mathrm{e}}\Phi=(U-R_{\mathrm{a}}I_{\mathrm{a}})/n=(220-0.2\times70)\div1000$$
$$=0.206\ (\mathrm{Wb})$$

则此时电动机取用的电流为

$$I_{\mathrm{a}}=(U-C_{\mathrm{e}}\Phi n)/R_{\mathrm{a}}=(220-0.206\times1030)\div0.2$$
$$=39.1\ (\mathrm{A})$$

［实践操作 1］　直流电机拆装

1. 实践内容

直流电动机的拆卸与装配。

2. 主要设备工具

小功率直流电动机，1 台；配套直流电源，1 台；直流电压表，1 块；直流电流表，1 块；兆欧表，1 块；电工工具（含顶拔器、活扳手、榔头、螺丝刀、紫铜棒、钢套筒、毛刷、钳子、螺丝刀）1 套。

3. 方法及步骤

拆装直流电动机的基本操作程序为：切断电源→做好标记→拆卸端盖→拆卸电刷→拆卸轴承外盖→抽出电枢→检查电机各部件→各部件质量检测和清理无故障后再进行重新装配→装配完成后，测试空载电流大小及对称性，最后带负载运行。

① 观察直流电动机的结构，抄录电动机的铭牌数据。

② 用手拨动电动机的转子，观察其转动情况是否良好。

③ 拆装直流电动机。将拆装有关情况记入表 1-2-2 中，在拆卸后，测量绝缘电阻和绕组直流电阻。

表 1-2-2　直流电动机拆卸记录

步骤	内容	记录内容
1	拆卸准备	拆卸前作记号： (1)端盖与机座记号 (2)前后轴承记号形状 (3)机座在基础上的记号
2	拆卸顺序	(1)(2)(3) (4)(5)(6)
3	拆卸端盖	(1)工具 (2)拆卸工艺要点
4	拆卸轴承	(1)工具 (2)拆卸工艺要点

续表

步骤	内容	记录内容
5	检测数据	定子铁芯内径长度 转子外径长度 轴承内经 键槽长度宽度深度

电动机装配后进行如下检验，将有关数据详细记录于表 1-2-3 中。

表 1-2-3　直流电动机装配后记录

步骤	内容	检查结果		
1	用兆欧表检查绝缘电阻	对地绝缘	励磁绕组对机壳	
			换向绕组对机壳	
		励磁绕组与换向绕组间绝缘		
2	用万用表检查 各绕组直流电阻	励磁绕组		
		换向绕组		

测量绝缘电阻：如图 1-2-22 所示，将 500V 兆欧表的一端接在电枢轴（或机壳）上，另一端分别接在电枢绕组、换向片上，以 120r/min 的转速摇动 1min 后读出其指针指示的数值，测量出电枢绕组对机壳、换向片对地的绝缘电阻。

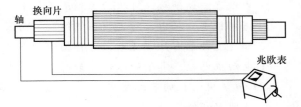

图 1-2-22　测量直流电动机绝缘电阻

测量绕组的直流电阻：测量小电阻按图 1-2-23 所示接线，图 1-2-23 中 R 为被测电阻，R' 为调节电阻。电压表测量得到的电压值不包含电流表上的电压降，故测量较精确。此时被测电阻值 R 为：

$$R = \frac{U}{I} \tag{1-2-18}$$

由于有一小部分电流被电压表分流，故电流表中读出的电流大于流过被测电阻 R 上的电流，因此测出的电阻值比实际电阻值偏小。精确的电阻值可用下式计算：

$$R = \frac{U}{I - U/R_V} \tag{1-2-19}$$

式中　R_V——电压表的内阻。

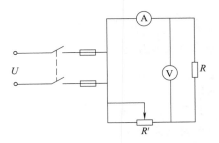

图 1-2-23　测量小电阻接线

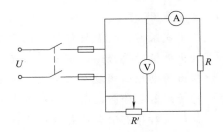

图 1-2-24　测量大电阻接线

测量大电阻按图 1-2-24 所示接线。若考虑电流表内阻 R_A，则被测电阻值可用下式计算：

$$R = \frac{U - IR_A}{I}$$

(1-2-20)

（1）直流电动机的拆卸步骤

① 拆去接至电动机的所有连线。

② 拆除电动机的地脚螺栓。

③ 拆除与电动机相连接的传动装置。

④ 拆去轴承端的联轴器或带轮。

⑤ 拆去换向器端的轴承外盖。

⑥ 打开换向器端的视察窗，从刷盒中取出电刷，再拆下刷杆上的连接线。

⑦ 拆下换向器端的端盖，取出刷架。

⑧ 用纸或布把换向器包好。

⑨ 小型直流电动机，可先把后端盖固定螺栓松掉，用木锤敲击前轴端，有后端盖螺孔的用螺栓拧入螺孔，使端盖止口与机座脱开，把带有端盖的电动机转子从定子内小心地抽出。

⑩ 中型直流电动机，可将后端轴承盖拆下，再卸下后端盖。

⑪ 将电枢小心抽出，防止损伤绕组和换向器。

⑫ 如发现轴承有异常现象，可将轴承卸下。

⑬ 电动机电枢、定子的零部件如有损坏，则继续拆卸，并重点检查和修复换向装置。

（2）直流电动机的装配步骤

① 清理零部件。

② 定子装配。

③ 装轴承内盖及热套轴承。

④ 装刷架于前端盖内。

⑤ 将带有刷架的端盖装到定子机座上。

⑥ 将机座立放，机座在上，端盖在下，并将电刷从刷盒中取出来，吊挂在刷架外侧。

⑦ 将转子吊入定子内，使轴承进入端盖轴承孔。

⑧ 装端盖及轴承外盖。

⑨ 将电刷放入刷盒内并压好。

⑩ 装出线盒及接引出线。

⑪ 装其余零部件。

⑫ 安装好电动机。

4. 注意事项

① 拆下刷架前，要做好标记，便于安装后调整电刷中性线位置。

② 抽出电枢时要仔细，不要碰伤换向器及绕组。

③ 取出的电枢必须放在木架或木板上，并用布或纸包好。

④ 拧紧端盖螺栓时，必须按对角线上下左右逐步拧紧。

⑤ 拆卸前对原有配合位置做一些标记，以便于组装时恢复原状。

⑥ 测量电阻时必须注意：应采用蓄电池或直流稳压电源；绕组中流过的电流一般不应

超过绕组额定电流的 20%；电流表和电压表的读数应很快地同时读出。

任务 **1.3**　直流电动机电力拖动

1.3.1　他励直流电动机的机械特性

利用电动机拖动生产机械时，必须使电动机的工作特性满足生产机械提出的要求。在电动机的各类工作特性中首要的是机械特性。电动机的机械特性是指电动机的转速 n 与其转矩（电磁转矩）T_{em} 之间的关系，即 $n = f(T_{em})$ 曲线。机械特性是电动机性能的主要表现，它与运动方程相联系，在很大程度上决定了拖动系统稳定运行和过渡过程的性质及特点。

必须指出，机械特性中的转矩是电磁转矩，它与电动机轴上的输出转矩 T_2 是不同的，其间差一个空载转矩 T_0。只是由于在一般情况下，空载转矩 T_0 与电磁转矩或负载转矩 T_2 相差比较小，在一般工程计算中可以略去 T_0，而粗略地认为电磁转矩 T_{em} 与轴上的输出转矩 T_2 相等。

1.3.1.1　机械特性方程式

直流电动机的机械特性方程式，可根据直流电动机的基本方程导出。即

利用电流 I_a 表示的机械特性方程为

$$n = \frac{U_N}{C_E \Phi} - \frac{R_a}{C_E \Phi} I_a \tag{1-3-1}$$

利用电磁转矩 T_{em} 表示的机械特性方程为

$$n = \frac{U_N}{C_E \Phi} - \frac{R_a}{C_E C_T \Phi^2} T_{em} \tag{1-3-2}$$

1.3.1.2　固有机械特性

当直流他励电动机端电压 $U = U_N$，励磁电流 $I_f = I_{fN}$，电枢回路不串接附加电阻时的机械特性称为固有机械特性。

固有机械特性的特性曲线如图 1-3-1 中曲线 1 所示，其特点是：

① 对于任何一台直流电动机，其固有机械特性只有一条；

② 由于 R_a 较小，特性曲线的斜率 β 较小，Δn 较小，特性较平坦，属于硬特性。

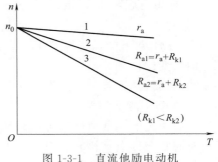

图 1-3-1　直流他励电动机固有机械特性与串接电阻机械特性对比

1.3.1.3　人为机械特性

人为改变 R_a、U、Φ 中的一个参数，从而得到不同的机械特性，使机械特性满足不同的工作要求，这样获得的机械特性，称为人为机械特性。直流他励电动机的人为机械特性有以下 3 种。

（1）电枢串接电阻时的人为机械特性

如电枢回路串接电阻。而保持电源电压和励磁磁通不变其机械特性如图 1-3-1 所示。与

固有机械特性相比，电枢串接电阻时的人为机械特性具有如下一些特点：

① 理想空载转速与固有特性时相同，且不随串接电阻 R_k 的变化而变化；

② 随着串接电阻 R_k 的加大，特性的斜率 β 加大，转速降落 Δn 加大，特性变软，稳定性变差。

③ 机械特性由与纵坐标轴交于一点（$n = n_0$）但具有不同斜率的射线簇所组成。

④ 串入的附加电阻 R_k 越大，电枢电流流过 R_k 所产生的损耗就越大。

（2）改变电源电压时的人为机械特性

此时电枢回路附加电阻 $R_k = 0$，磁通保持不变。改变电源电压，一般是由额定电压向下改变。

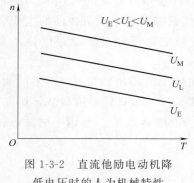

图 1-3-2　直流他励电动机降
低电压时的人为机械特性

由机械特性方程，得出这时的人为机械特性如图 1-3-2 所示。与固有机械特性相比，当电源电压降低时，其机械特性的特点为：

① 特性斜率 β 不变，转速降落 Δn 不变，但理想空载转速 n_0 降低；

② 机械特性由一组平行线所组成；

③ 由于 $R_k = 0$，因此其特性较串联电阻时硬；

④ 当 $T =$ 常数时，降低电压，可使电动机转速 n 降低。

（3）改变电动机主磁通时的人为机械特性

在励磁回路内串联电阻 R_{pf}，并改变其大小，即能改变励磁电流，从而使磁通改变。一般电动机在额定磁通下工作，磁路已接近饱和，所以改变电动机主磁通只能是减弱磁通。减弱磁通时，使附加电阻 $R_k = 0$；电源电压 $U = U_N$。

根据机械特性方程可得出此时的人为机械特性曲线如图 1-3-3 所示。其特点为：

① 理想空载转速 n_0 与磁通 Φ 成反比，即当 Φ 下降时，n_0 上升；

② 磁通 Φ 下降，特性斜率 β 上升，且 β 与 Φ 成反比，曲线变软；

③ 一般 Φ 下降，n 上升，但由于受机械强度的限制，磁通 Φ 不能下降太多。

一般情况下，电动机额定负载转矩小得多，故减弱磁通时通常会使电动机转速升高。但也不是在所有的情

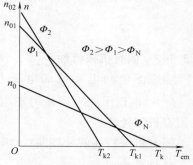

图 1-3-3　直流他励电动机减弱
磁通时的人为机械特性

况下减弱磁通都可以提高转速，当负载特别重或磁通 Φ 特别小时，如再减弱 Φ，反而会发生转速下降的现象。

1.3.2　直流电动机的起动

直流电动机的起动，要有足够大的起动转矩，起动电流要在一定的范围内，起动设备要简单、可靠。一般他励直流电动机在起动时，起动时由于转速 $n = 0$，电枢电动势 $E_a = 0$，而且电枢电阻 R_a 很小，所以起动电流将达到额定电流值的 $10 \sim 20$ 倍。过大的起动电流将引起电网电压下降、影响电网上其他用户的正常用电、使电动机的换向恶化；同时过大的冲

击转矩会损坏电枢绕组和传动机构，一般直流电动机不允许直接起动。为了限制起动电流，他励直流电动机通常采用降低电枢（电源）电压起动或电枢回路串电阻启动。

（1）直接起动

将电枢绕组接到额定电源上，在起动瞬间，电枢电势为零，起动转矩和起动电流分别为。

$$T_{st} = C_T \Phi I_{st} \tag{1-3-3}$$

$$I_{st} = \frac{U_N}{R_a} \tag{1-3-4}$$

小容量微型直流电动机由于转动惯量小、转速上升快、电枢电阻相对较大，因此允许直接起动。

（2）直流他励电动机电枢电路串电阻起动

在生产实际中，如果能够做到适当选用各级起动电阻，那么串电阻起动由于其起动设备简单、经济和可靠，同时可以做到平滑快速起动，因而得到广泛应用。但对于不同类型和规格的直流电动机，对起动电阻的级数要求也不尽相同。

电动机起动时，励磁电路的调节电阻 $R_{pf} = 0$，使励磁电流 I_f 达到最大。电枢电路串接附加电阻 R_{st}，电动机加上额定电压，R_{st} 的数值应使 I_{st} 不大于允许值。为了缩短起动时间，保证电动机在起动过程中的加速度不变，就要求在起动过程中电枢电流维持不变，因此随着电动机转速的升高，就应将起动电阻平滑地切除，最后调节电动机的转速达到运行值。其机械特性如图 1-3-4 所示。

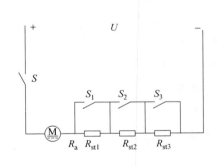
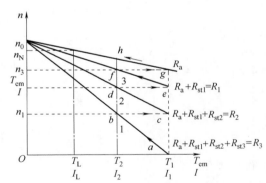

图 1-3-4　直流他励电动机电枢电路串三级电阻起动

（3）降压起动

降压起动只能在电动机有专用电源时才能采用。起动时降低电源电压，起动电流将随电压的降低而成正比减小，电动机起动后，再逐步提高电源电压，使电磁转矩维持在一定数值，保证电动机按需要的加速度升速。降压起动需要专用电源，设备投资较大，但它起动电流小，升速平稳，并且起动过程中能量消耗也小，因而得到广泛应用。其机械特性如图 1-3-5 所示。

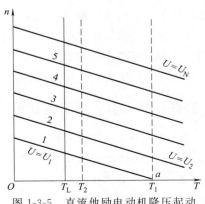

图 1-3-5　直流他励电动机降压起动

1.3.3 直流电动机的反转

由直流电动机的转矩公式

$$T = C_T \Phi I_a$$

可知改变直流电动机转向的方法有改变励磁电流方向或改变电枢电流方向两种。

二维码 1-3
直流电动机的
正反转控制电路

1.3.3.1 改变励磁电流方向

保持电枢两端电压极性不变，把励磁绕组反接，使励磁电流方向改变，电动机反转。

1.3.3.2 改变电枢电流方向

保持励磁绕组电流方向不变，将电枢绕组反接，使电枢电流改变方向，电动机反转。

如电枢绕组、励磁绕组同时反接，则转向不变。实际应用中大多采用改变电枢电流的方向来实现直流电动机的反转。但在直流电动机容量很大，对反转速度变化要求不高的场合，为了减小控制电器的容量，可采用改变励磁绕组极性的方法实现直流电动机的反转。实际生产中，只需要改变直流电动机电枢或励磁绕组的极性，就可以改变电动机的旋转方向。图 1-3-6 为直流电动机正反转控制线路。

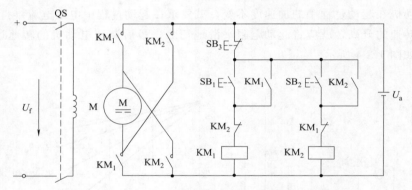

图 1-3-6　直流他励电动机正反转控制线路

工作原理如下：

闭合电源开关 QS。励磁绕组得电，电机具备起动条件。

正转：按下起动按钮 SB_1，KM_1 线圈通过 KM_2 的常闭触点得电自锁，同时 KM_1 常开触点闭合，电动机电枢绕组接通正向电源，电动机正转。

反转：先按下停止按钮 SB_3，使 KM_1 线圈断电，KM_1 主触点断开，电动停转。再按下 SB_2，KM_2 线圈得电自锁，其常开主触点闭合，接通电动机的反向电源相序，电动机反转。

当然，在反转过程中也可以按下 SB_3 使电机停止，再按下 SB_1 使电机正转。

［实践操作 2］　直流电动机起动与正反转控制

1. 实践内容

直流电动机起动与正反转控制线路安装接线与调试。

2. 主要设备工具

（1）直流电源

容量 2kW、输出电压 220V 的直流电源。可用整流的方法或用交流电动机带动直流发电机的方法获得直流电源。

（2）设备工具

电工工具 1 套（验电笔、一字和十字旋具、钢丝钳、尖嘴钳、斜口钳、剥线钳等）。

（3）仪表

万用表、兆欧表、转速表、电磁系钳形电流表。

（4）器材

器件明细见表 1-3-1。

表 1-3-1　器件明细表

序号	代号	名称	数量
1	M	直流电动机	1
2	QF	直流断路器	1
3	FU	熔断器	2
4	RB	起动电阻	1

3. 方法及步骤

① 按表配齐所有器件，并检验器件质量。

② 参照并励直流电动机起动与正反控制线路图，首先进行线路编号，然后在控制板上合理布置和牢固安装各电器元件，并贴上醒目的文字符号。

③ 在控制板上进行布线和套号码管。

④ 安装直流电动机。

⑤ 连接控制板外部的导线。

⑥ 自检。安装完毕的控制线路板，必须经过认真检查以后，才允许通电试车，以防止错接、漏接造成不能正常工作或短路事故。

⑦ 检查无误后通电试车。

4. 注意事项

① 通电试车前，要认真检查励磁回路的接线，必须保证连接可靠，以防止电动机运行时出现因励磁回路断路失磁引起"飞车"事故。

② 起动时，应使调速变阻器 R_P 短接，使电动机在满磁情况下起动；起动变阻器 R_S 要逐级切换，不可越级切换或一扳到底。

③ 直流电源若采用单相桥式整流器供电时，必须外接 15mH 的电抗器。

④ 通电试车时，必须有指导老师在现场监护，如遇异常情况，应立即断开电源开关 QF。

1.3.4　直流电动机的制动

当电磁转矩的方向与转速方向相同时，电机运行于电动机状态；当电磁转矩方向与转速方向相反时，电机运行于制动状态。

在生产过程中，经常需要采取一些措施使电动机尽快停转，或者从某高速降到某低速运转，或者限制位能性负载在某一转速下稳定运转，这就是电动机的制动问题。

实现制动有两种方法，机械制动和电磁制动。电磁制动是使电机在制动时使电机产生与其旋转方向相反的电磁转矩，其特点是制动转矩大，操作控制方便。

直流电机的电磁制动类型有能耗制动、反接制动、倒拉反转制动和回馈制动。

1.3.4.1　能耗制动

如图 1-3-7 所示，电动机有励磁将处于正向电动稳定运行状态，即电动机电磁转矩 T_{em} 与转速 n 的方向相同（均为顺时针方向），T_{em} 为拖动性转矩。将开关 S 投向制动电阻上即实现能耗制动。

能耗制动时，电动机励磁不变，电枢电源电压 $U=0$，由于机械惯性，制动初始瞬间转速 n 不能突变，仍保持原来的方向和大小，电枢感应电动势也保持原来的大小和方向，而电枢电流变为负，说明其方向与原来电动机运行时相反，因此电磁转矩 T_{em} 也变负，表明此时的方向与转速的方向相反，T_{em} 起制动作用，称为制动性转矩。在制动转矩的作用下，拖动系统减速，直到 $n=0$。如果电动机拖动的是反抗性恒转矩负载，从能耗制动开始到拖动系统迅速减速及停车的过渡过程就叫作"能耗制动过程"。

在能耗制动过程中，电动机靠惯性旋转，电枢通过切割磁场将机械能转变成电能，再消耗在电枢回路电阻 R_B 上，因而称为能耗制动。

由机械特性方程做出能耗制动的机械特性是一条通过坐标原点并与电枢回路串接电阻 R_B 的人为机械特性平行的直线，如图 1-3-8 所示。

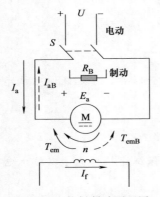

图 1-3-7　能耗制动原理图

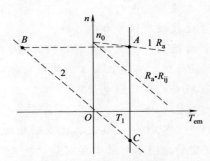

图 1-3-8　能耗制动机械特性

1.3.4.2　反接制动

反接制动分为电枢电压反向反接制动和倒拉反转制动。

（1）电枢电压反向反接制动

如图 1-3-9 所示，制动前，接触器的常开触头 KM_1 闭合，另一个接触器的常开触头 KM_2 断开，假设此时电动机处于正向电动运行状态，电磁转矩 T_{em} 与转速 n 的方向相同，即电动机的 T_{em}、T_z 均为正值。在电动运行中，断开 KM_1，闭合 KM_2 使电枢电压反向并串入电阻 R_F，则进入制动。

反接制动时，加到电枢两端的电源电压为反向电压 $-U_N$，同时接入反接制动电阻 R_F。反接制动

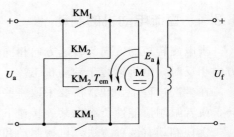

图 1-3-9　电枢电压反向反接制动原理图

初始瞬间，由于机械惯性，转速不能突变，仍保持原来的方向和大小，电枢感应电动势也保持原来的大小和方向，而电枢电流变为 $-I_a$，电枢电流变负，电磁转矩 T_{em} 也随之变负，说明反接制动时 T_{em} 与 n 的方向相反，T_{em} 为制动性转矩。

由机械特性方程式可以做出，电枢电压反向反接制动机械特性是一条过（0，$-n_0$）点并与电枢回路串入电阻 R_F 的人为机械特性相平行的直线，如图 1-3-10 所示。

反接制动适合于要求频繁正、反转的电力拖动系统，先用反接制动达到迅速停车，然后接着反向起动并进入反向稳态运行，反之亦然。若只要求准确停车的系统，反接制动不如能耗制动方便。

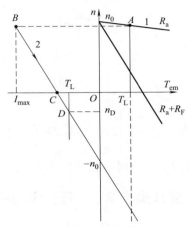

图 1-3-10　电枢电压反向反接制动机械特性

（2）倒拉反转制动

倒拉反转制动只适用于位能性恒转矩负载。如图 1-3-11 所示，电动机提升重物时，将接触器 KM 常开触头断开，串入较大电阻 R_F，使提升的电磁转矩小于下降的位能转矩，拖动系统将进入倒拉反转制动。进入倒拉反转制动时，转速 n 反向为负值，使反电势 e 也反向为负值，电枢电流 I_a 是正值；所以电磁转矩也应为正值（保持原方向），与转速 n 方向相反，电动机运行在制动状态。此运行状态是由于位能负载转矩拖动电动机反转而形成的，所以称为倒拉反转制动。

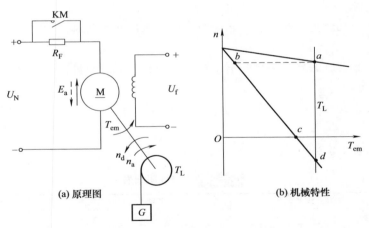

(a) 原理图　　　　　　**(b) 机械特性**

图 1-3-11　倒拉反接制动原理图和机械特性

在倒拉反转制动运行状态下，U_N、I_a 为正，电源输入功率 $P_1 = U_N I_a > 0$，而电磁功率 $P_{em} = E_a I_a < 0$，表明从电源输入的电功率和机械转换的电功率都消耗在电枢回路电阻（$R_f + R_a$）上，其功率关系与电枢电压反向反接制动时相似。

倒拉反转制动的机械特性就是电枢回路串电阻的人为机械特性，如图 1-3-11（b）所示。电动机进入倒拉反转制动状态必须有位能负载反拖电动机，同时电枢回路要串入较大的电阻。在此状态中，位能负载转矩是拖动转矩，而电动机的电磁转矩是制动转矩，它抑制重物下放的速度，使之限制在安全范围之内，这种制动方式不能用于停车，只可以用于下放重物。

1.3.4.3　回馈制动

电动机在电动运行状态下，由于某种条件的变化（如带位能性负载下降、降压调速等），

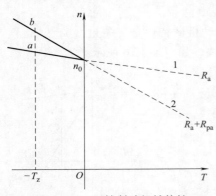

图 1-3-12　回馈制动机械特性

使电枢转速 n 超过理想空载转速 n_0，则进入回馈制动。回馈制动时，转速方向并未改变，而 $n>n_0$，使 $E_a>U$，电枢电流 $I_a<0$ 反向，电磁转矩 $T_{em}<0$ 也反向，为制动转矩。制动时 n 未改变方向，而 I_a 已反向为负，电源输入功率为负；而电磁功率亦小于零，表明电机处于发电状态，将电枢转动的机械能变为电能并回馈到电网，故称回馈制动。

图 1-3-12 是带位能负载下降时的回馈制动机械特性，电动机电动运行带动位能性负载下降，在电磁转矩和负载转矩的共同驱动下，转速沿特性曲线 1 逐渐升高，进入回馈制动后将稳定运行在 a 点上。需要指出的是，此时电枢回路不允许串入电阻，否则将会稳定运行在很高转速的 b 点上。

［实践操作3］　直流电动机制动控制

1. 实践内容

直流电动机制动控制线路安装与调试。

2. 主要设备工具

（1）直流电源

根据直流电动机额定值配置相应容量和输出电压的直流电源。

（2）工具

电工工具 1 套（验电笔、一字和十字旋具、钢丝钳、尖嘴钳、斜口钳、剥线钳等）。

（3）仪表

万用表、转速表。

（4）器材

器件明细见表 1-3-2。

表 1-3-2　器件明细表

序号	代号	名称	数量
1	M	直流电动机	1
2	QF	直流断路器	1
3	FU	熔断器	2
4	RB	制动电阻器	1
5	S	双刀双掷开关	1

3. 方法及步骤

① 按表配齐电器元件，并检验器件质量。

② 参照他励直流电动机能耗制动控制线路图，进行线路编号，在控制板上合理布置和牢固安装各电器元件，并贴上醒目的文字符号。

③ 安装直流电动机。

④ 连接控制板外部的导线。

⑤ 自检。

⑥ 检查无误后通电试车。其具体操作如下：

a. 起动。将双掷开关 S 搬向电源处，合上电源开关 QF，起动直流电动机，待电动机转速稳定后，用转速表测其转速。

b. 停止。断开电源开关 QF，待电动机惯性停止后，记下停止所用时间 t_1。

c. 制动。起动直流电动机，待电动机转速稳定后，用转速表测其转速。将双掷开关 S 搬向制动电阻处，待电动机制动停止后，记下能耗制动所用时间 t_2，并与 t_1 进行比较，求出时间差 $\Delta t = t_1 - t_2$。

d. 断电。待电动机停止后，断开电源开关 QF，使励磁绕组断电。

4. 注意事项

① 由于未使用起动变阻器和接触器控制，所以必须选择小功率直流电动机。

② 通电试车前要认真检查接线是否正确、牢靠，特别是励磁绕组的接线。

③ 对电动机惯性停车时间 t_1 和制动停车时间 t_2 的比较，应在电动机的转速基本相同时开始计时。

④ 制动电阻 R_B 的值，可按下式估算：

$$R_B = \frac{E_a}{I_N} - R_a \approx \frac{U_N}{I_N} - R_a \tag{1-3-5}$$

式中　U_N——电动机额定电压，V；

　　　I_N——电动机额定电流，A；

　　　R_a——电动机电枢回路电阻，Ω。

⑤ 若遇异常情况，应立即断开电源停车检查。

1.3.5　直流电动机的调速

电动机驱动生产机械，对电动机的转速不仅要能调节，而且要求调节的范围宽广、过程平滑、调节的方法简单经济。

为了使生产机械以最合理的高速进行工作，从而提高生产率和保证产品具有较高的质量，大量的生产机械（如各种机床，轧钢机、造纸机、纺织机械等）要求在不同的情况下以不同的速度工作。这就需求采用一定的方法来改变生产机械的工作速度，以满足生产的需要，这种方法通常称为调速。

调速可用机械方法、电气方法或机械电气配合的方法。在用机械方法调速的设备上，速度的调节是用改变传动机构的速度比来实现，但机械变速机构较复杂。用电气方法调速，电动机在一定负载情况下可获得多种转速，电动机可与工作机构同轴，或其间只用一套变速机构，机械上较简单，但电气上可能较复杂；在机械电气配合的调速设备上，用电动机获得几种转速，配合用几套（一般用 3 套左右）机械变速机构来调速。究竟用何种方案，以及机械电气如何配合，要全面考虑，有时要进行各种方案的技术经济比较，才能决定。

从直流电动机的机械特性方程看：

$$n = \frac{U - I_a(R_a + R_c)}{C_e \Phi} \tag{1-3-6}$$

电气调速方法有：①电枢串电阻调速；②调压调速；③调磁调速。

三种调速方法实质上都是改变了电动机的机械特性，使之与负载机械特性的交点改变，

二维码 1-5
直流电动机
的调速控
制电路

达到调速的目的。

1.3.5.1 电枢回路串接电阻调速

电枢回路串接电阻，不能改变理想空载转速 n_0，只能改变机械特性的硬度。所串的附加电阻愈大，特性愈软，在一定负载转矩 T_2 下，转速也就愈低。

这种调速方法，其调节区间只能是电动机的额定转速向下调节。其机械特性的硬度随外串电阻的增加而减小；当负载较小时，低速时的机械特性很软，负载的微小变化将引起转速的较大波动。在额定负载时，其调速范围一般是 2：1 左右。然而当为轻负载时，调速范围很小，在极端情况下，即理想空载时，则失去调速性能。这种调速方法是属于恒转矩调速性质，因为在调速范围内，其长时间输出额定转矩不变。

电枢回路串接电阻调速的优点是方法较简单。但由于调速是有级的，调速的平滑性很差。虽然理论上可以细分为很多级数，甚至做到"无级"，但由于电枢电路电流较大，实际上能够引出的抽头要受到接触器和继电器数量限制，不能过多。如果过多时，装置复杂，不仅初投资过大，维护也不方便。

一般只用少数的调速级数。再加上电能损耗较大，所以这种调速方法近来在较大容量的电动机上很少采用，只是在调速平滑性要求不高，低速工作时间不长，电动机容量不大，采用其他调速方法又不值得的地方采用这种调速方法。

1.3.5.2 改变电源电压调速

降低电枢电压时，电动机机械特性平行下移；负载不变时，交点也下移，速度也随之改变。

由直流他励电动机的机械特性方程式可以看出，升高电源电压 U 可以提高电动机的转速，降低电源电压 U 便可以减小电动机的转速。由于电动机正常工作时已是工作在额定状态下，所以改变电源电压通常都是向下调，即降低加在电动机电枢两端的电源电压，进行降压调速。由人为机械特性可知，当降低电枢电压时，理想空载转速降低，但其机械特性斜率不变。它的调速方向是从基速（额定转速）向下调的，这种调速方法是属于恒转矩调速，适用于恒转矩负载的生产机械。

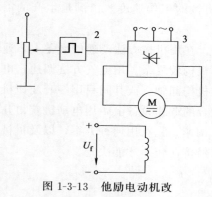

图 1-3-13　他励电动机改
变电源电压调速

不过公用电源电压通常总是固定不变的，为了能改变电压来调速，必须使用独立可调的直流电源，目前用得最多的可调直流电源是晶闸管整流装置，如图 1-3-13 所示。调节触发器的控制电压，以改变触发器所发出的触发脉冲的相位，即改变了整流器的整流电压，从而改变了电动机的电枢电压，进而达到调速的目的。

采用降低电枢电压调速方法的特点是调节的平滑性较高，因为改变整流器的整流电压是依靠改变触发器脉冲的相移，故能连续变化，也就是端电压可以连续平滑调节，因此可以得到任何所需要的转速。另一特点是它的理想空载转速随外加电压的平滑调节而改变。由于转速降落不随速度变化而改变，故特性的硬度大，调速的范围也相对大得多。

这种调速方法还有一个特点，就是可以靠调节电枢两端电压来起动电动机而不用另外添加起动设备，这就是前节所说的靠改变电枢电压的起动方法。例如电枢静止，反电动势为零；当开始起动时，加给电动机的电压应以不产生超过电动机最大允许电流为限。待电动机转动以后，随着转速升高，其反电动势也升高，再让外加电压也随之升高，这样如果能够控制得好，可以保持起动过程电枢电流为最大允许值，并几乎不变或变化极小，从而获得恒加速起动过程。

这种调速方法的主要缺点是由于需要独立可调的直流电源，因而使用设备较只有直流电动机的调速方法来说要复杂，初投资也相对大些。但由于这种调速方法的调速平滑、特性硬度大、调速范围宽等特点，就使这种调速方法具备良好的应用基础，在冶金、机床、矿井提升以及造纸机等方面得到广泛应用。

1.3.5.3　改变电动机主磁通的调速方法

改变励磁电流调速（调节励磁电阻），实际上是减少励磁电流的调速，所以又称弱磁调速。

弱磁调速：保持 $U=U_N$，$R_c=0$，仅减小电动机的励磁电流 I_f，使主磁通减小，达到调速的目的。

改变主磁通 Φ 的调速方法，一般是指向额定磁通以下改变。因为电动机正常工作时，磁路已经接近饱和，即使励磁电流增加很大，但主磁通 Φ 也不能显著地再增加很多。而通常改变磁通的方法都是增加励磁电阻，减小励磁电流，从而减小电动机的主磁通 Φ。

由人为机械特性的讨论可知，在电枢电压为额定电压 U_N 及电枢回路不串接附加电阻的条件下，当减弱磁通时，其理想空载转速升高，而且斜率加大，在一般的情况下，即负载转矩不是过大的时候，减弱磁通使转速升高。它的调速方向是由基速（额定转速）向上调。

采用弱磁调速方法，当减弱励磁磁通 Φ 时，虽然电动机的理想空载转速升高、特性的硬度相对差些，但其调速的平滑性好。因为励磁电路功率小，调节方便，容易实现多级平滑调节。其调速范围，普通直流电动机大约为 1∶1.5。如果要求调速范围增大时，则应用特殊结构的调磁电动机，它的机械强度和换向条件都有改进，适于高转速工作，一般调速范围可达 1∶2、1∶3 或 1∶4。可调磁电动机的设计是在允许最高转速的情况下，降低额定转速以增加调速范围。所以在同一功率和相同最高转速的条件下，调速范围愈大，额定转速愈低，因此额定转矩也大，相应的电动机尺寸就愈大，因此价格也就愈高。

因为电动机发热所允许的电枢电流不变，所以电动机的转矩随磁通 Φ 的减小而减小，故这种调速方法是恒功率调节，适用于恒功率性质的负载。这种调速方法是改变励磁电流，所以损耗功率极小，经济效果较高。又由于控制比较容易，可以平滑调速，因而在生产中得到广泛应用。

为了使电动机得到充分利用，拖动恒转矩负载时，应采用恒转矩调速方式。拖动恒功率负载时，应采用恒功率调速方式。

电枢串电阻调速和降压调速时，磁通保持不变，若在不同转速下保持电流不变，即电机得到充分利用，在整个调速范围输出转矩为常数。

减弱磁通调速时，磁通是变化的，在不同转速下若保持电流不变，即电机得到充分利用，在整个调速范围内输出功率为常数。

【例 1-3-1】　一台他励直流电动机的额定功率 $P_N=2.5\text{kW}$，额定电压 $U_N=220\text{V}$，额定电流 $I_N=12.5\text{A}$，额定转速 $n_N=1500\text{r/min}$，电枢回路总电阻 $R_a=0.8\Omega$，求：

（1）当电动机以 1200r/min 的转速运行时，采用能耗制动停车，若限制最大制动电流为 $2I_N$，则电枢回路中应串入多大的制动电阻？

（2）若负载为位能性恒转矩负载，负载转矩为 $T_L = 0.9T_N$，采用能耗制动使负载以 120 r/min 转速稳速下降，电枢回路应串入多大电阻？

【解】：（1）$C_e\Phi_N = \dfrac{U_N - I_N R_a}{n_N} = \dfrac{220 - 12.5 \times 0.8}{1500} = 0.14$

在 1200r/min 的转速运行时的感应电动势为：$E_a = C_e\Phi_N n = 0.14 \times 1200 = 168$（V）

应串入的电阻为：$R = \dfrac{-E_a}{-2I_N} - R_a = \dfrac{168}{2 \times 12.5} - 0.8 = 5.92$（Ω）

（2）根据机械特性方程式：$n = \dfrac{R_a + R}{C_e C_T \Phi_N^2} T_L$，此时，$n = -120$，$T_L = 0.9T_N$

则：$-120 = -\dfrac{0.8 + R}{9.55 \times 0.14^2} \times 0.9 \times 0.14 \times 12.5$

故：$R = 13.5$（Ω）

【例 1-3-2】 一台直流串励电动机，额定负载运行，$U_N = 220$V，$n = 900$r/min，$I_N = 78.5$A，电枢回路电阻 $R_a = 0.26$Ω，欲在负载转矩不变条件下，把转速降到 700r/min，需串入多大电阻？

【解】：串励且 T_e 不变，则 I_a 前后不变，Φ 不变。

所以 $I_a' = I_N = 78.5$（A）

$$E_{aN} = U_N - I_N R_a = 220 - 78.5 \times 0.26 = 199.6$$（V）

$$C_e\Phi_N = \frac{E_{aN}}{n_N} = \frac{199.6}{900} = 0.222$$

所以 $E_a' = C_e\Phi_N n' = U_N - I_a'(R_a + R)$

$$R = \frac{U_N - C_e\Phi n'}{I_a'} - R_a = \frac{220 - 0.222 \times 700}{78.5} - 0.26 = 0.56$$（Ω）

［实践操作4］ 直流电动机调速控制

1. 实践内容

直流电动机调速控制线路安装接线与调试。

2. 主要设备工具

（1）直流电源

容量 2kW、输出电压 220V 的直流电源，可用整流的方法或用交流电动机带动直流发电机的方法获得直流电源。

（2）工具

电工工具 1 套（验电笔、一字和十字旋具、钢丝钳、尖嘴钳、斜口钳、剥线钳等）。

（3）仪表

万用表、兆欧表、转速表、钳形电流表。

（4）器材

器件明细见表 1-3-3。

表 1-3-3　器件明细表

序号	代号	名称	数量
1	M	直流电动机	1
2	QF	直流断路器	1
3	FU	熔断器	2
4	RB	起动电阻	1
5	RP	调速变阻器	1

3. 方法及步骤

① 配齐所有电器元件，并检验元件质量。

② 参照并励直流电动机励磁回路串电阻调速控制线路图，首先进行线路编号，然后在控制板上合理布置和牢固安装各电器元件，并贴上醒目的文字符号。

③ 在控制板上进行布线和套号码管。

④ 安装直流电动机。

⑤ 连接控制板外部的导线。

⑥ 自检。

⑦ 检查无误后通电试车。操作起动变阻器 RS，使电动机起动。

⑧ 待电动机起动完成后，调节调速变阻器 RP，在逐渐增大其阻值时，测量电动机转速，其转速不能超过电动机的最高转速 2000r/min。测量结果填表。

⑨ 停转时，切断电源开关 QF，将调速变阻器 RP 的阻值调到零，并检查起动变阻器 RS 是否返回 0 位。

4. 注意事项

① 通电试车前要认真检查接线是否正确、牢靠，特别是励磁绕组的接线。

② 调速变阻器 RP 要和励磁绕组串联。起动时，应将其值调到零；调速时，使其数值逐渐变大，电动机的转速也逐渐升高。

③ 若遇异常情况，应立即断开电源停车检查。

任务 **1.4**　常用低压电器元件

1.4.1　接触器

接触器适用于远距离频繁接通或断开交、直流电路的一种自动控制电器。主要控制对象是电动机。在电力拖动和自动控制系统中，接触器是运用最广泛的控制电器之一。

1.4.1.1　接触器的结构及工作原理

（1）接触器的结构

接触器是用来自动地接通或断开大电流电路的电器。按控制电流性质不同，接触器分为交流接触器和直流接触器两大类。在继电接触器控制电路中，交流接触器用的较多，交流接触器主要由电磁机构、触点系统及灭弧装置组成。图 1-4-1（a）、（b）所示为 CJX1 系列交流接触器的外形图及结构示意图。

① 电磁机构

交流接触器的电磁机构由线圈、铁芯（又称静铁芯）和衔铁（又称动铁芯）组成，如图

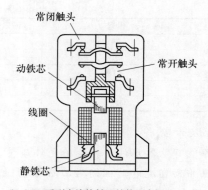

(a) CJX1系列交流接触器外形图　　　　(b) CJX1系列交流接触器结构示意图

图 1-4-1　CJX1 系列交流接触器的外形及结构示意图

1-4-2 所示。

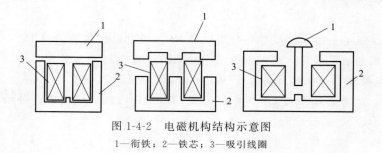

图 1-4-2　电磁机构结构示意图
1—衔铁；2—铁芯；3—吸引线圈

② 触点系统。

a. 触点的接触形式。触点是电器的执行机构，它在衔铁的带动下起接通和分断电路的作用。触点形式有桥式和指形结构，而桥式触点又可分为点接触式和面接触式两种。其中点接触式适用于小电流；面接触式适用于大电流。图 1-4-3 为触点的结构形式。

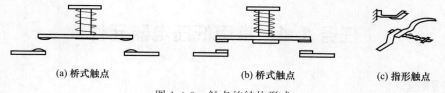

(a) 桥式触点　　　　　　　(b) 桥式触点　　　　　　　(c) 指形触点

图 1-4-3　触点的结构形式

b. 触点的分类。触点按运动情况可分为静触点和动触点，固定不动的称为静触点；由连杆带着移动的称为动触点。按状态可分为常开触点和常闭触点，电器触点在电器未通电或没有受到外力作用时处于闭合位置的触点称为常闭（又称动断）触点；常态时相互分开的动、静触点称为常开（又称动合）触点。按职能可分为主触点和辅助触点，常用来控制主电路的称为主触点；常用来接通和断开控制电路的称为辅助触点。触点的分类如图 1-4-4 所示。

③ 灭弧系统。

在触点由闭合状态过渡到断开状态的瞬间，在触头间隙中由电子流产生弧状的火花称为电弧。炽热的电弧会烧坏触头，造成短路、火灾或其他事故，故应采取适当的措施熄灭电弧。容量在 10A 以上的接触器都有灭弧装置，在低压控制电器中，常用的灭弧方法和装置有：电动力灭弧、磁吹灭弧、栅片灭弧、灭弧罩灭弧等。图 1-4-5 所示为栅片灭弧示意图，灭弧栅是由数片钢片制成的栅状装置，当触点断开发生电弧时，电弧进入栅片内，被分割为数段，从而迅速熄灭。

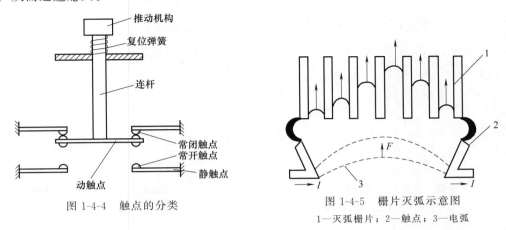

图 1-4-4 触点的分类

图 1-4-5 栅片灭弧示意图
1—灭弧栅片；2—触点；3—电弧

（2）接触器的工作原理

交流接触器主触点的动触点装在与衔铁相连的连杆上，静触点固定在壳体上。当线圈得电后，线圈产生磁场，使静铁芯产生电磁吸力，将衔铁吸合。衔铁带动动触点动作，使常闭触点先断开，常开触点后闭合，分断或接通相关电路。反之线圈失电时，电磁吸力消失，衔铁在反作

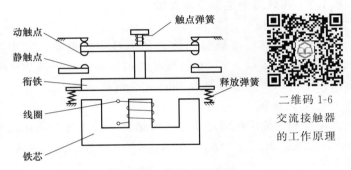

二维码 1-6
交流接触器的工作原理

图 1-4-6 交流接触器的工作原理示意图

用弹簧的作用下释放，各触点随之复位。交流接触器的工作原理示意图如图 1-4-6 所示。

1.4.1.2 接触器的表示方法

接触器主要用型号及电气符号来表示。

（1）型号

① 交流接触器型号。

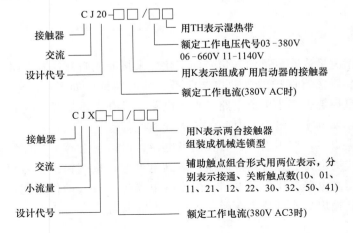

② 直流接触器型号。

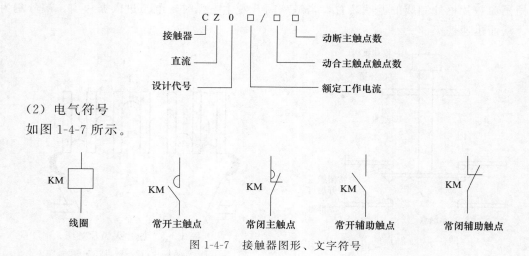

（2）电气符号

如图 1-4-7 所示。

图 1-4-7　接触器图形、文字符号

1.4.1.3　接触器的主要技术参数

① 额定电压。

额定电压是指接触器铭牌上的主触头的电压。交流接触器的额定电压一般为 220V、380V、660V 及 1140V；直流接触器的额定电压一般为 220V、440V 及 660V。辅助触点的常用额定电压交流接触器为 380V，直流接触器为 220V。

② 额定电流。

接触器的额定电流是指接触器铭牌上的主触头的电流。接触器电流等级为：6A、10A、16A、25A、40A、60A、100A、160A、250A、400A、600A、1000A、1600A、2500A 及 4000A。

③ 线圈额定电压。

接触器吸引线圈的额定电压交流接触器有 36V、110V、117V、220V、380V 等；直流接触器有 24V、48V、110V、220V、440V 等。

④ 额定操作频率。

交流接触器的额定操作频率是指接触器在额定工作状态下每小时通、断电路的次数。交流接触器一般为 300 次/h～600 次/h，直流接触器的额定操作频率比交流接触器的高，可达到 1200 次/h。

1.4.2　继电器

继电器是根据电量或非电量输入信号的变化，来接通或断开控制电路，实现对电路的自动控制和对电力装置实行保护的自动控制电器。继电器特点如下：继电器用于控制电讯线路、仪表线路、自控装置等小电流电路及控制电路，没有灭弧装置；继电器的输入信号可以是电量或非电量，如电压、电流、时间、压力、速度等。

继电器的种类很多，按用途可分为控制继电器、保护继电器、中间继电器等；按其工作原理可分为电磁式继电器、感应式继电器、热继电器等；按其输入信号可分为电流继电器、电压继电器、速度继电器、压力继电器，温度继电器等；按其动作时间可分为瞬时继电器、延时继电器；按其输出形式可分为有触点、无触点继电器。

1.4.2.1 电磁式继电器

（1）电磁式继电器结构及工作原理

电磁式继电器是以电磁力为驱动力产生电信号的电器控制元件，其结构及工作原理与接触器基本相同。主要区别在于：继电器用于控制小电流电路，没有灭弧装置，也无主触点和辅助触点之分；而接触器用来控制大电流电路，有灭弧装置，有主触点和辅助触点之分等。

电磁式继电器由电磁机构和触点系统组成。按吸引线圈在电路中的连接方式不同，可分为电流继电器、电压继电器和中间继电器等。图 1-4-8（a）、（b）、（c）为几种常用电磁式继电器的外形图。

(a) 电流继电器   (b) 电压继电器   (c) 中间继电器

图 1-4-8 电磁式继电器外形图

① 电流继电器。

依据线圈中通入电流大小使电路实现通断的继电器称为电流继电器。电流继电器反映的是电流信号。电流继电器的线圈常与被测电路串联。其线圈匝数少，导线粗，线圈阻抗小。电流继电器除用于电流型保护的场合外，还可用于按电流原则实现控制的场合。电流继电器有欠电流继电器和过电流继电器两种。电流继电器的型号如下：

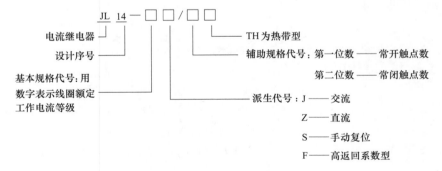

电流继电器电气符号如图 1-4-9 所示。

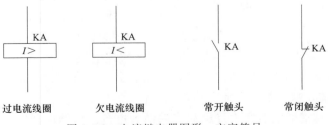

过电流线圈   欠电流线圈   常开触头   常闭触头

图 1-4-9 电流继电器图形、文字符号

② 电压继电器。

依据线圈两端电压的大小使电路实现通断的继电器称为电压继电器。电压继电器反映的是电压信号。使用时，电压继电器的线圈并联在被测电路中，线圈的匝数多、导线细、阻抗大。根据动作电压值不同，电压继电器可分为欠电压继电器和过电压继电器两种。电压继电器的型号如下：

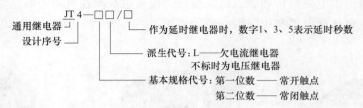

电压继电器的电气符号如图 1-4-10 所示。

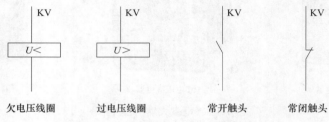

图 1-4-10   电压继电器图形、文字符号

③ 中间继电器。

在继电接触器控制电路中，为解决接触器触点较少的矛盾，常采用触点较多的中间继电器，其作用是作为中间环节传递与转换信号，或同时控制多个电路。中间继电器体积小，动作灵敏度高，其基本结构及工作原理与交流接触器相似，在 10A 以下电路中可代替接触器起控制作用。中间继电器的型号如下：

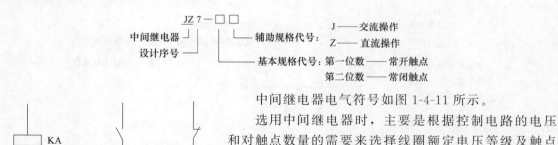

中间继电器电气符号如图 1-4-11 所示。

选用中间继电器时，主要是根据控制电路的电压和对触点数量的需要来选择线圈额定电压等级及触点数目。

(2) 电磁式继电器的主要技术参数

① 额定工作电压：是指继电器正常工作时线圈所需要的电压。根据继电器的型号不同，可以是交流电压，也可以是直流电压。

图 1-4-11   中间继电器
图形、文字符号

② 吸合电流：是指继电器能够产生吸合动作的最小电流。在正常使用时，给定的电流必须略大于吸合电流，这样继电器才能稳定地工作。

③ 释放电流：是指继电器产生释放动作的最大电流。当继电器吸合状态的电流减小到

一定程度时，继电器恢复到释放状态。此时的电流会远远小于吸合电流。

④ 触点切换电压：是指继电器允许加载的电压。它决定了继电器能控制电压的大小，使用时不能超过此值，否则很容易损坏继电器的触点。

⑤ 触点切换电流：是指继电器允许加载的电流。它决定了继电器能控制电流的大小，使用时不能超过此值，否则很容易损坏继电器的触点。

二维码 1-7
热继电器
的结构

1.4.2.2　热继电器

（1）热继电器结构及工作原理

电动机在长期运行过程中若过载时间长，过载电流大，电动机绕组的温升就会超过允许值，使电动机绕组绝缘老化，缩短电动机的使用寿命，严重时甚至会使电动机绕组烧毁。因此，需要对其过载提供保护装置。热继电器是利用电流的热效应原理来工作的保护电器，主要用于电动机的过载保护。图 1-4-12（a）为 JR16 系列热继电器的外形图，图 1-4-12（b）、（c）为 JR16 系列热继电器的结构原理图。

二维码 1-8
热继电器
工作原理

 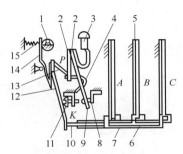

(a) JR16系列热继电器外形图　　(b) JR16系列热继电器结构示意图　　(c) 差动式断相保护示意图

图 1-4-12　JR16 系列热继电器的外形及结构原理图

1—电流调节凸轮；2—簧片；3—手动复位按钮；4—弓簧；5—双金属片；6—外导板；7—内导板；
8—常闭静触点；9—动触点；10—杠杆；11—调节螺钉；12—补偿双金属片；13—推杆；14—连杆；15—压簧

使用时，热继电器的热元件应串接在主电路中，常闭触点应接在控制电路中。热继电器中的双金属片是由热膨胀系数不同的两片合金碾压而成的，受热后双金属片将弯曲。当电动机正常工作时，双金属片受热而膨胀弯曲的幅度不大，常闭触点闭合。当电动机过载后，通过热元件的电流增加，经过一定的时间，热元件温度升高，双金属片受热而弯曲的幅度增大，热继电器脱扣，即常闭触点断开，通过有关控制电路和控制电器的动作，切断电动机的电源而起到保护作用。

热继电器动作后的复位，须待双金属片冷却后，手动复位的继电器必须用手按压复位按钮使热继电器复位，自动复位的热继电器其触点能自动复位。

（2）热继电器的表示方法

① 热继电器的型号。

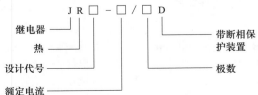

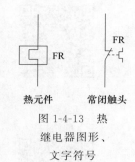

图 1-4-13 热
继电器图形、
文字符号

② 热继电器电气符号如图 1-4-13 所示。

（3）热继电器的主要技术参数及选用

热继电器的主要技术参数是整定电流（动作电流），热继电器的整定电流是指热继电器的热元件允许长期通过又不致引起继电器动作的最大电流值。热继电器是根据整定电流来选用的，热继电器的整定电流稍大于所保护电动机的额定电流。

1.4.2.3 时间继电器

时间继电器是指从接受控制信号开始，经过一定的延时后，触点才能动作的继电器。主要用在需要时间顺序进行控制的电路中。时间继电器的种类主要有电磁式、电动式、空气阻尼式、电子式等。在继电接触控制电路中用得较多的是空气阻尼式时间继电器，其延时方式有通电延时和断电延时两种。通电延时继电器在线圈通电一段时间后常开触点闭合，常闭触点断开。断电延时继电器在线圈通电后常开触点立即闭合，常闭触点立即断开。在线圈断电一段时间后常开触点断开，常闭触点闭合。

（1）空气阻尼式时间继电器结构及工作原理

空气阻尼式时间继电器是利用空气阻尼原理获得动作延时的，它主要由电磁系统、延时机构和触点三部分组成，触头系统采用微动开关。图 1-4-14（a）为 JS7 系列空气阻尼式时

(a) JS7 系列空气阻尼式时间继电器的外形图

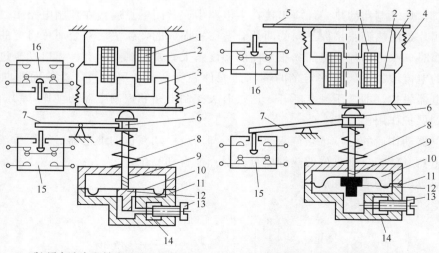

(b) 通电延时型时间继电器结构原理图　　(c) 断电延时型时间继电器结构原理图

图 1-4-14　JS7-A 系列空气阻尼式时间继电器的外形及结构原理图

1—线圈；2—铁芯；3—衔铁；4—反力弹簧；5—推板；6—活塞杆；7—杠杆；8—塔形弹簧；9—弱弹簧；
10—橡皮膜；11—空气室壁；12—活塞；13—调节螺钉；14—进气孔；15,16—微动开关

间继电器的外形图，图 1-4-14（b）、（c）为结构原理图。

当吸引线圈 1 通电产生电磁吸力，静铁芯 2 将动铁芯衔铁 3 向上吸合，带动推板 5 上移，在推板的作用下微动开关 16 立即动作，其常闭触点断开（称瞬间动作的常闭触点），常开触点闭合（称瞬间动作的常开触点）。活塞杆 6 在塔形弹簧 8 作用下，带动活塞 12 及橡皮膜 10 向上移动，由于橡皮膜下方空气室中空气稀薄而形成负压，因此活塞杆 6 不能迅速上移。当空气由进气孔 14 进入时，活塞杆 6 才逐渐上移。经过一定时间后，活塞杆移到最上端时，在杠杆 7 的作用下微动开关 15 才动作，其常闭触点断开（称延时断开的常闭触点），常开触点闭合（称延时闭合的常开触点）。从线圈通电开始到延时动作的触点动作后为止，这段时间间隔就是时间继电器的延时时间。延时时间的长短可通过调节螺杆 13 调节进气孔的大小来改变。JS7 和 JS16 系列空气阻尼式时间继电器的延时调节范围有 0.4～60s 和 0.4～180s 两种。

当吸引线圈 1 断电后，动铁芯 3 在复位弹簧 4 作用下迅速复位，同时在动铁芯的挤压下，活塞杆 6、橡皮膜 10 等迅速下移复位，空气室的空气从排气孔口立即排出，微动开关 15、16 都迅速恢复到线圈失电时的状态。

上述为通电延时的时间继电器，另一种是断电延时的空气式时间继电器，它们结构略有不同。只要改变电磁机构的安装方向，便可实现不同的延时方式：当衔铁位于铁芯和延时机构之间时为通电延时，如图 1-4-14（b）所示；当铁芯位于衔铁和延时机构之间时为断电延时，如图 1-4-14（c）所示。空气阻尼式时间继电器的延时范围较大（0.4～180s），结构简单，寿命长，价格低。但其延时误差较大，无调节刻度指示，难以确定整定延时值。在对延时精度要求较高的场合，不宜使用这种时间继电器。

（2）时间继电器的表示方法

① 型号。

② 时间继电器电气符号如图 1-4-15 所示。

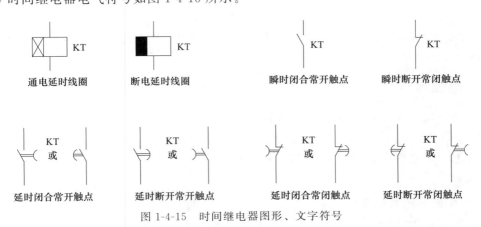

图 1-4-15 时间继电器图形、文字符号

（3）时间继电器的主要技术参数及选用

时间继电器的主要技术参数有额定电压、额定电流、额定控制容量、吸引线圈电压、延时范围等。时间继电器的选用应考虑电流的种类、电压等级以及控制线路对触点延时方式的

要求。此外，还应考虑时间继电器的延时范围和精度要求等。

1.4.2.4　速度继电器

（1）速度继电器的结构及工作原理

速度继电器是当转速达到规定值时动作的继电器，其作用是与接触器配合实现对电动机的反接制动，所以又称为反接制动继电器。速度继电器主要由转子、定子和触点三部分组成。如图 1-4-16 所示为速度继电器的结构原理图。

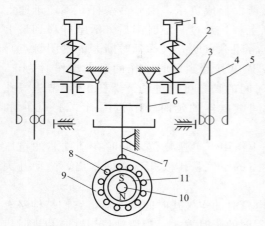

图 1-4-16　速度继电器的结构原理图

1—螺钉；2—反力弹簧；3—常闭触点；4—动触点；
5—常开触点；6—返回杠杆；7—杠杆；
8—定子导体；9—定子；10—转轴；11—转子

速度继电器的转轴与电动机的轴相连，当电动机转动时，速度继电器的转子随着一起转动，产生旋转磁场，定子绕组便切割磁感线产生感应电动势，而后产生感应电流，载流导体在转子磁场作用下产生电磁转矩，使定子开始转动。当定子转过一定角度，带动杠杆推动触点，使常闭触点断开，常开触点闭合，在杠杆推动触点的同时也压缩反力弹簧，其反作用力阻止定子继续转动。当电动机转速下降时，转子速度也下降，定子导体内感应电流减小，转矩减小。当转速下降到一定值，电磁转矩小于反力弹簧的反作用力矩，定子返回到原来位置，对应的触点复位。调节螺钉可以调节反力弹簧的反作用力大小，从而调节触点动作时所需转子的转速。

（2）速度继电器的表示方法

① 速度继电器的型号。

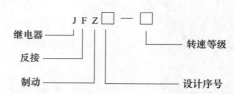

② 速度继电器的电气符号如图 1-4-17 所示，分别为速度继电器与连接部分、常开触点和常闭触点。

1.4.3　熔断器

熔断器是低压电路和电动机控制电路中最常用的短路保护电器。熔断器可分为插入式熔断器、螺旋式熔断器、无填料封闭管式熔断器、有填料封闭管式熔断器。

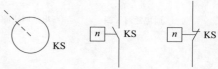

图 1-4-17　速度继电器图形、文字符号

1.4.3.1　熔断器的结构及工作原理

熔断器是最常用的保护电器。它主要由熔管（熔座）和熔体等部分组成。熔断器是根据电流的热效应原理来工作的。熔体一般由熔点较低的合金制成，使用时串接在被保护线路中，当线路发生过载或短路时，熔体中流过极大的短路电流，熔体产生的热量使自身熔化而切断电路，从而达到了保护线路及电气设备的目的。图 1-4-18 （a）、（b）所示为插入式熔断器的外形

图及结构示意图。图1-4-19（a）、（b）所示为螺旋式熔断器的外形图及结构示意图。

瓷底座
动触头
熔体
静触头
瓷插片

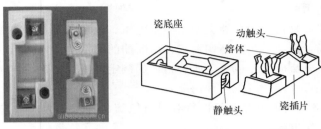

(a) 插入式熔断器外形图　　(b) 插入式熔断器结构示意图

图1-4-18　插入式熔断器的外形及结构示意图

瓷帽
熔断管
底座

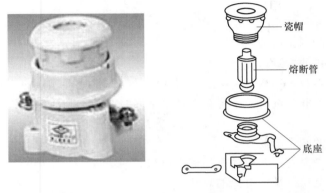

(a) 螺旋式熔断器外形图　　(b) 螺旋式熔断器结构示意图

图1-4-19　螺旋式熔断器的外形及结构示意图

1.4.3.2　熔断器的表示方法

（1）型号

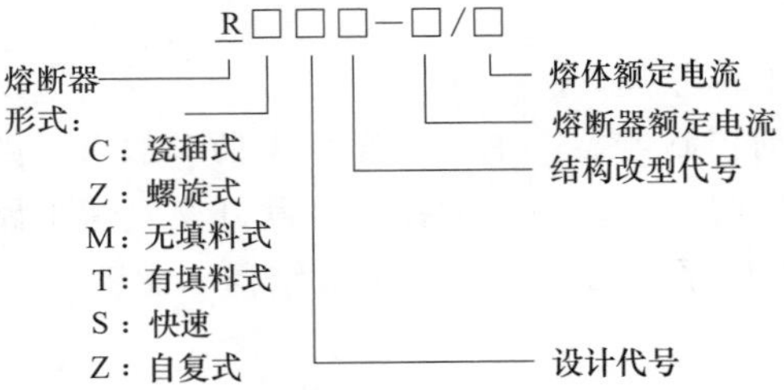

R□□□-□/□
熔断器
形式：
C：瓷插式
Z：螺旋式
M：无填料式
T：有填料式
S：快速
Z：自复式
熔体额定电流
熔断器额定电流
结构改型代号
设计代号

（2）电气符号

熔断器的电气符号如图1-4-20所示。

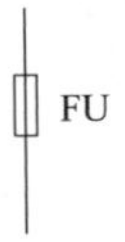

FU

图1-4-20　熔断器图形、文字符号

1.4.3.3　熔断器的主要技术参数及选用

（1）熔断器的主要技术参数

① 额定电压是指保证熔断器能长期正常工作的电压。

② 额定电流是指保证熔断器能长期正常工作的电流。

③ 极限分断电流是指熔断器在额定电压下所能断开的最大短路电流。

（2）熔断器的选用

熔断器的选用主要是选择熔断器类型、额定电压、额定电流及熔体额定电流。熔断器的类型主要根据应用场合选择适当的结构形式；熔断器的额定电压应大于或等于实际电路的工作电压；熔断器额定电流应大于或等于所装熔体的额定电流。确定熔体额定电流是选择熔断器的关键，具体来说可以参考以下几种情况：

① 对于照明线路或电阻炉等电阻性负载没有电流的冲击，因此所选熔体的额定电流应大于或等于电路的工作电流。

② 保护一台异步电动机时，考虑电动机在起动过程中有较大的起动冲击电流的影响，熔体的额定电流可按下式计算：

$$I_{fN} \geqslant I_s / k \tag{1-4-1}$$

式中　I_{fN}——熔体的额定电流；

　　　I_s——电动机的起动电流；

　　　k——经验系数，通常取 $k=2.5$，若电动机起动频繁，则取 $k=2$。

③ 保护多台异步电动机时，若各台电动机不同时起动，则应按下式计算：

$$I_{fN} \geqslant (1.5 \sim 2.5) I_{Nmax} + \sum I_N \tag{1-4-2}$$

式中　I_{fN}——熔体的额定电流；

　　I_{Nmax}——容量最大的一台电动机的额定电流；

　　$\sum I_N$——其余电动机额定电流的总和。

1.4.4　开关和按钮

常用的低压隔离开关包括刀开关、组合开关和自动空气开关三类，下面分别对其结构、原理等进行介绍。

1.4.4.1　刀开关

（1）刀开关的结构及工作原理

刀开关是最简单的手动控制电器，主要由操作手柄、触刀、触刀座和底座组成。在继电接触器控制电路中，它主要起不频繁地手动接通和断开交直流电路或起隔离电源的作用。图 1-4-21（a）、（b）所示为 HK 系列刀开关外形图及结构示意图。

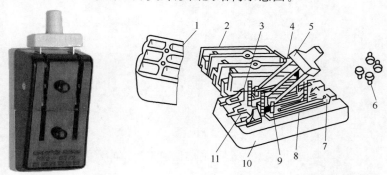

(a) HK系列刀开关外形图　　　(b) HK系列刀开关结构示意图

图 1-4-21　HK 系列刀开关的外形图及结构示意图

1—上胶盖；2—下胶盖；3—插座；4—触刀；5—瓷柄；6—胶盖紧固螺钉；

7—出线座；8—熔丝；9—触刀座；10—瓷底座；11—进线座

刀开关在安装时，手柄要向上，不得倒装或平装，避免由于重力自动下落，引起误动合闸。接线时，电源线应接在刀座上，负载线应接在可动触刀的下侧，这样当切断电源时，刀开关的触刀与熔断丝就不带电。

（2）刀开关的表示方法

① 刀开关的型号。

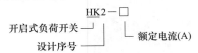

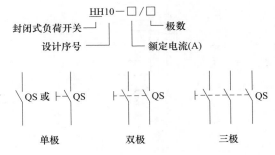

② 刀开关的电气符号。如图 1-4-22 所示。刀开关按刀数的不同分有单极、双极、三极等几种。

（3）刀开关的主要技术参数及选用

① 刀开关的主要技术参数。

a. 额定电压是指保证刀开关能长期正常工作的电压。

图 1-4-22　刀开关图形、文字符号

b. 额定电流是指保证刀开关能长期正常工作的电流。

c. 通断能力是指在规定条件下，能在额定电压下接通和分断的电流值。

d. 动稳定电流是指电路发生短路故障时，刀开关并不因短路电流产生的电动力作用而发生变形、损坏或触刀自动弹出之类的现象。

e. 热稳定电流是指电路发生短路故障时，刀开关在一定时间内（通常为 1s）通过某一短路电流，并不会因温度急剧升高而发生熔焊现象。

② 刀开关的选用。

根据使用场合，选择刀开关的类型、极数及操作方式。刀开关的额定电流应大于它所控制的最大负载电流。对于较大的负载电流可采用 HD 系列杠杆式刀开关。

1.4.4.2　组合开关

（1）组合开关的结构及工作原理

组合开关又称转换开关，组合开关由多节触点组合而成，是一种手动控制电器。组合开关常用来作为电源的引入开关，也用来控制小型的鼠笼式异步电动机起动、停止及正反转。

图 1-4-23（a）、（b）所示为组合开关的外形图及结构示意图。它的内部有三对静触点，分别用三层绝缘板相隔，各自附有连接线路的接线柱。三个动触点（刀片）相互绝缘，与各自的静触点相对应，套在共同的绝缘杆上。绝缘杆的一端装有操作手柄，转动手柄，变换三组触点的通断位置。组合开关内装有速断弹簧，以提高触点的分断速度。

组合开关的种类很多，常用的是 HZ10 系列，额定电压为交流 380V，直流 220V，额定电流有 10A、25A、60A 及 100A 等。不同规格型号的组合开关，各对触片的通断时间不一定相同，可以是同时通断，也可以是交替通断，应根据具体情况选用。

（2）组合开关的表示方法

① 组合开关的型号。

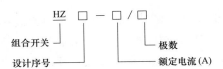

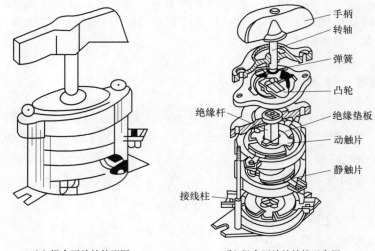

(a) 组合开关的外形图　　　　(b) 组合开关的结构示意图

图 1-4-23　组合开关的外形图及结构示意图

② 组合开关的电气符号如图 1-4-24 所示。

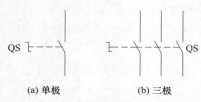

(a) 单极　　　　　(b) 三极

图 1-4-24　组合开关的图形、文字符号

1.4.4.3　自动空气开关

(1) 自动空气开关的结构及工作原理

自动空气开关又称低压断路器，在电气线路中起接通、断开和承载额定工作电流的作用，并能在线路和电动机发生过载、短路、欠电压的情况下进行可靠的保护。自动开关的主要由触点系统、机械传动机构和保护装置组成。图 1-4-25 (a)、(b) 所示为自动空气开关的外形图及结构示意图。

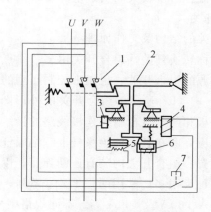

(a) 自动空气开关的外形图　　　(b) 自动空气开关的结构示意图

图 1-4-25　自动空气开关的外形图及结构示意图

1—主触点；2—自由脱扣结构；3—过电流脱扣器；4—分磁脱扣器；5—热脱扣器；6—欠电压脱扣器；7—按钮

主触点靠操作机构（手动或电动）来闭合。开关的自由脱扣机构是一套连杆装置，有过流脱扣器和欠压脱扣器等，它们都是电磁铁。当主触点闭合后就被锁钩锁住。过流脱扣器在正常运行时其衔铁是释放的，一旦发生严重过载或短路故障时，与主电路串联的线圈流过大

电流而产生较强的电磁吸力把衔铁往下吸而顶开锁钩，使主触点断开，起到过流保护的作用。欠压脱扣器的工作情况则相反，当电源电压正常时，对应电磁铁产生电磁吸力将衔铁吸住，当电压低于一定值时，电磁吸力减小，衔铁释放而使主触点断开，起到失压保护的作用。当电源电压恢复正常时，必须重新合闸才能工作。

（2）自动空气开关的表示方法

① 自动空气开关的型号。

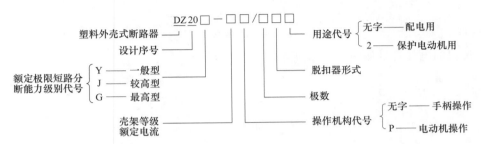

② 自动空气开关的电气符号如图 1-4-26 所示。

（3）自动空气开关的选用

选用自动空气开关时，首先应根据线路的工作电压和工作电流来选定自动空气开关的额定电压和额定电流。自动空气开关的额定电压和额定电流应大于或等于线路、设备的正常工作电压和工作电流。其次应根据被保护线路所要求的保护方式来选择脱扣器种类。同时还需考虑脱扣器的额定电压和电流等。选用时，欠电压脱扣器的额定电压应等于线路的额定电压，过电流脱扣器的额定电流应大于或等于线路的最大负载电流。

图 1-4-26 自动空气开关的图形、文字符号

1.4.4.4 按钮

（1）按钮的结构及工作原理

按钮是一种手动且可自动复位的主令电器，主要由按钮帽、复位弹簧、常闭触点、常开触点和外壳等组成。图 1-4-27（a）、（b）为按钮的外形图及结构示意图。当按下按钮帽时，常闭触点先断开，常开触点后闭合；当松开按钮帽时，触点在复位弹簧作用下恢复到原来位置，常开触点先断开，常闭触点后闭合。按用途和结构的不同，按钮可分为启动按钮、停止按钮和组合按钮等。

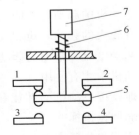

(a) 按钮的外形图　　(b) 按钮的结构示意图

图 1-4-27 按钮的外形图及结构示意图

1,2—常闭触点；3,4—常开触点；5—桥式触点；6—复位弹簧；7—按钮帽

（2）按钮的表示方法

① 按钮的型号。

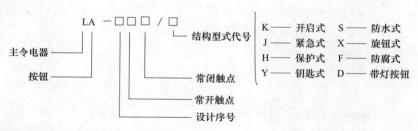

② 按钮的电气符号如图 1-4-28 所示。

图 1-4-28　按钮图形、文字符号

[项目小结]

本项目介绍了磁路基本概念与基本定律，直流电机结构原理及起动、正反转、制动、调速控制。完成的实践操作包括直流电机拆装与直流电机起动、正反转、制动、调速、安装接线与调试。

直流电机由定子和转子两部分组成。定子部分包括机座、主磁极、换向极和电刷装置。转子部分包括电枢铁芯、电枢绕组、换向极转轴和轴承等。

导体在磁场中运动产生感应电动势；载流导体在磁场中受力。这两个规律是直流电机工作的基础。

电枢是直流电机的核心。电枢由电枢铁芯及其上的电枢绕组共同组成，电能向机械能转换及机械能向电能转换均是在电枢中完成的。

直流电机是可逆的，即从原理上讲，一台直流电机可作为发电机运行，也可作为电动机运行。

直流电动机是电力拖动系统的主要拖动装置，它具有良好的起动和调速性能。它在起动、调速和制动过程中的各种状态的原理及实现方法是直流电动机拖动的重要内容。

衡量直流电动机的起动性能的主要指标是起动电流和起动转矩。在直流电动机的起动过程中，要求具有较大的起动转矩和较小的起动电流。通常是在保证足够大的起动转矩的前提下，尽量减小起动电流。常用的起动方法有：电枢回路串电阻起动和降压起动，直接起动只有在小容量电动机中才有使用。

为了更好地发挥电动机的性能和满足生产的需要，调速是电动机使用过程中的重要内容。在充分考虑调速指标的前提下，常用的对直流电动机的调速方法有 3 种：电枢回路串电阻调速、降压调速和改变磁通调速。

直流电动机的制动是在电动机的使用过程中经常会遇到的问题。制动过程与电动过程有着本质的区别，对制动过程的分析经常采用象限图的方法。常用的制动方法有 3 种：能耗制动、反接制动和回馈制动。

[项目综合测试]

一、填空

1. 直流电动机将_____能转换为_____能输出；直流发电机将_____能转换为_____能输出。

2. 直流电机的可逆性是指_____。

3. 直流电动机的励磁方式有_____、_____、_____、和_____。

二、选择题

1. 直流电机换向磁极的主要作用是（　　）。

A. 改善换向　　　B. 产生主磁场　　　C. 实现能量转换　　　D. 无法确定

2. 直流电动机电枢导体中的电流是（　　）。

A. 直流电　　　B. 交流电　　　C. 脉动电流　　　D. 以上均不对

3. 改变直流电动机的转向方法有（　　）。

A. 对调接电源的两根线

B. 改变电源电压的极性

C. 改变主磁通的方向并同时改变电枢中电流方向

D. 改变主磁通的方向或改变电枢中电流方向

4. 关于直流电动机的转动原理，下列说法正确的是（　　）。

A. 转子在定子的旋转磁场带动下，转动起来

B. 通电导体在磁场中受到力的作用

C. 导体切割磁力线产生感生电流，而该电流在磁场中受到力的作用

D. 穿过闭合导体的磁感应强度变化引起电磁转矩

5. 直流电动机的电磁转矩的大小与（　　）成正比。

A. 电机转速　　　　　　　　　　B. 主磁通和电枢电流

C. 主磁通和转速　　　　　　　　D. 电压和转速

三、判断

1. 直流电机的电枢绕组是电机进行能量转换的主要部件。（　　）

2. 一台直流电机运行在发电机状态下，则感应电势大于其端电压。（　　）

3. 起动时的电磁转矩可以小于负载转矩。（　　）

四、问答

1. 直流电机由哪几个主要部件构成？这些部件的功能是什么？

2. 直流电动机的励磁方式有哪几种？每种励磁方式的励磁电流或励磁电压与电枢电流或电枢电压有怎样的关系？

3. 并励电动机在运行中励磁回路断线，将会发生什么现象？为什么？

五、计算题

1. 一台直流电动机在额定条件下的运行时的感应电动势为 220V，试问在下列情况下电动势变为多少？（1）磁通减少 10%；（2）励磁电流减少 10%；（3）转速增加 20%；（4）磁通减少 10%，同时转速增加 20%。

2. 一台直流电动机，额定功率为 $P_N = 75kW$，额定电压 $U_N = 220V$，额定效率 $\eta_N = 88.5\%$，额定转速 $n_N = 1500r/min$，求该电动机的额定电流和额定负载时的输入功率。

项目2
变压器的认知与参数测定

[项目导论]

　　发电厂发出的几百千伏的电压输送至我们身边后，竟变为 220（380）V；而 220V 电压给手机充电时，竟变为 5V。这是什么神奇的魔法？原来电力系统在输电过程中，电压必须进行调整，因此，电力系统离不开变压器。变压器是一种静止的电气设备，它可以将一种电压等级的交流电能转变成同频率的另一种电压等级的交流电能。在电力系统中，要把发电厂（站）发出的电能经济地传输、合理地分配及安全地使用，就要通过变压器进行变压。本项目主要介绍了磁路基本知识，变压器的结构与工作原理、空载和负载时的运行情况、三相变压器联结组别及其运行特性等基本知识。

[能力目标]

1. 能正确完成变压器的空载和短路参数测定。
2. 测定单相变压器的损耗和效率。
3. 能正确判别单相变压器绕组同名端。

[相关知识]

1. 变压器的基本结构、原理、类别、铭牌数据、作用。
2. 变压器空载运行和负载运行情况。
3. 变压器外特性和效率特性。
4. 三相变压器的磁路系统、电路系统。
5. 变压器的并联运行。
6. 特殊用途的变压器基本结构、原理。

项目 2 导学

任务 2.1　变压器的结构与工作原理

二维码 2-1
单相变压
器结构

2.1.1　变压器的结构

　　变压器最基本的组成部分是铁芯和绕组，称之为器身。常见电力变压器的铁芯和绕组通常浸入盛满变压器油的封闭油箱中，各绕组对外线路的连接线由绝缘套管引出。为了使变压器安全可靠地运行，还设有油箱、储油柜、气体继电器、安全气道、绝缘套管、分接开关等附件。油浸式电力变压器的外形如图 2-1-1 所示。

2.1.1.1　铁芯

铁芯是变压器的磁路部分，是固定绕组及其他部件的骨架，由铁芯柱和铁轭两部分组成，如图 2-1-2 所示。为了减小磁阻、减小交变磁通在铁芯内产生的磁滞损耗和涡流损耗，变压器的铁芯大多采用 0.35mm 厚的冷轧硅钢片叠装而成。根据绕组套入铁芯柱的形式不同，铁芯可分为芯式结构和壳式结构。芯式结构是在两侧的两个铁芯柱上放置绕组，绕组包围铁芯，如图 2-1-3（a）所示，其结构简单，易装配，省导线，常用于大容量、高电压的变压器中。壳式结构是在中间的铁芯柱上放置绕组，铁芯包围绕组，如图 2-1-3（b）所示，其用线量较多，工艺较复杂，但散热性好，适用于小型干式变压器。

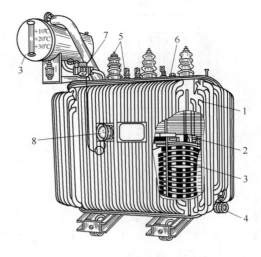

图 2-1-1 油浸式电力变压器

1—油箱；2—铁芯及绕组；3—储油柜；4—散热筋；5—高、低压绕组出线端；6—分接开关；7—气体继电器；8—信号温度计

根据制造工艺的不同，变压器的铁芯可分为叠片式和卷制式两种。芯式结构铁芯一般用口形或斜口形硅钢片交叉叠成，壳式结构铁芯一般用"E"形或"F"形硅钢片交叉叠成，如图 2-1-4 所示。叠片式铁芯由于气隙较大，增加了磁阻和励磁电流；而卷制式铁芯由冷轧钢带卷绕而成，铁芯端面加工精确，大大减小了气隙，提高了变压器的效率。

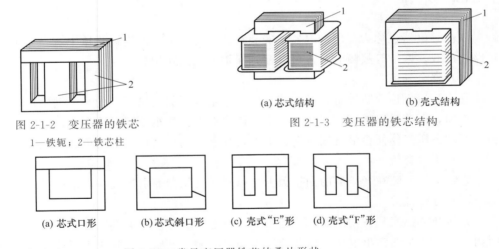

图 2-1-2 变压器的铁芯

1—铁轭；2—铁芯柱

(a) 芯式结构　　(b) 壳式结构

图 2-1-3 变压器的铁芯结构

(a) 芯式口形　　(b) 芯式斜口形　　(c) 壳式"E"形　　(d) 壳式"F"形

图 2-1-4 常见变压器铁芯的叠片形状

2.1.1.2 绕组

绕组是变压器的电路部分。它由漆包线或绝缘的扁铜线绕制而成，有同芯式和交叠式两种。同芯式绕组是将高、低压绕组套在同一铁芯柱的内外两层，如图 2-1-5 所示。交叠式绕组的高、低压绕组是沿轴向交叠放置的，如图 2-1-6 所示。

同芯式绕组的结构简单，绝缘和散热性能好，所以在电力变压器中得到广泛应用；而交叠式绕组的引线比较方便，机械强度好，易构成多条并联支路，因此常用于大电流变压器中，如电炉变压器、电焊变压器等。

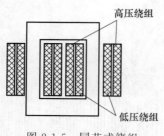

图 2-1-5　同芯式绕组

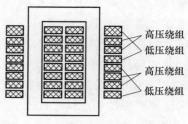

图 2-1-6　交叠式绕组

2.1.1.3　其他部件

（1）油箱

变压器的器身放置在灌有高绝缘强度，高燃点变压器油的油箱内。变压器运行时，铁芯和绕组都要发出热量，使变压器油发热。发热的变压器油在油箱内发生对流，将热量传送至油箱壁及其上的散热器，再向周围空气或冷却水辐射，达到散热的目的，从而使变压器内的温度保持在合理的范围内。

（2）储油柜

储油柜也称为油枕，安装在油箱上方，通过连通管与油箱连通，起到保护变压器油的作用。变压器油在较高温度下长期与空气接触容易吸收空气中的水分和杂质，使变压器油的绝缘强度和散热能力相应降低。安装储油柜是为了减小油面与空气的接触面积，降低与空气接触的油面温度，并使储油柜上部的空气通过吸湿剂与外界空气交换，从而减缓变压器油受潮和老化的速度。

（3）气体继电器

气体继电器也称为瓦斯继电器，安装在油箱与储油柜的连通管道中。当变压器内部发生短路、过载、漏油等故障时，也可以起到保护油箱的作用。

（4）安全气道

安全气道也称为防爆管，是安装在较大容量变压器油箱顶上的一个钢质长筒，下筒口与油箱连通，上筒口以玻璃板封口。当变压器内部发生严重故障又恰逢气体继电器失灵时，油箱内部的高压气体便会沿着安全气道上冲，冲破玻璃板封口，以避免油箱受力变形或爆炸。

（5）绝缘套管

绝缘套管安装在变压器的油箱盖上，以确保变压器的引出线与油箱绝缘。

（6）分接开关

分接开关也安装在变压器的油箱盖上，通过调节分接开关可以改变一次绕组的匝数，从而调节二次绕组的输出电压，以避免二次绕组的输出电压因负载变化而过分偏离额定值。分接开关包括无载分接开关和有载分接开关两种。一般的分接开关有 3 个挡位，+5％挡、0挡和-5％挡。若要二次绕组的输出电压降低，则将分接开关调至一次绕组匝数多的一挡，即+5％挡；若要二次绕组的输出电压升高，则分接开关调至一次绕组匝数少的一挡，即-5％挡。

二维码 2-2
单相变压器
工作原理

2.1.2　单相变压器的工作原理

单相变压器的工作原理如图 2-1-7 所示。单相变压器是指接在单相交流电源上用来改变单相交流电压的变压器，其容量一般都比较小，主要用做控制及照明。它是利用电磁感应原理，将能量从一个绕组传输到另一个绕组而进行工作的。图中，在铁芯柱上绕制两个绝缘线圈，其匝数分别为 N_1，N_2。其中，电源侧的绕组称为一次绕组（又称原绕组、原边或初级绕组），负载侧的绕组称为二次绕组（又称副绕组、副边或次级绕组）。

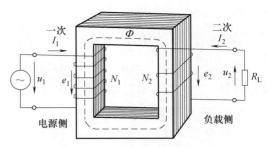

图 2-1-7 变压器的工作原理

当一次绕组接通交流电源时，绕组中有电流 I_1 通过，铁圈中将产生交变磁通 Φ。根据电磁感应原理，其一、二次绕组将分别产生感应电动势 e_1，e_2。若二次绕组与负载连接，则负载回路中将产生电流 I_2，如此便完成了电能的传递。

此时

$$e_1 = -N_1 \frac{\mathrm{d}\Phi}{\mathrm{d}t} \tag{2-1-1}$$

$$e_2 = -N_2 \frac{\mathrm{d}\Phi}{\mathrm{d}t} \tag{2-1-2}$$

因为 $e_1 \approx u_1$，$e_2 \approx u_2$，所以：

$$\frac{u_1}{u_2} \approx \frac{e_1}{e_2} = \frac{N_1}{N_2} = K \tag{2-1-3}$$

式中，K 称为电压比，俗称变比，它是变压器的一个重要参数。上式表明，变压器具有变换电压的作用，且电压大小与其匝数成正比。由此可见，只要改变变压器的匝数比，就能达到改变电压的目的。若 $N_1 > N_2$，则变压器为降压变压器；若 $N_1 < N_2$，则变压器为升压变压器。

根据能量守恒原理，如果忽略变压器的内部能量损耗，则二次绕组的输出功率等于一次绕组的输入功率，即：

$$P_1 = P_2 = u_1 I_1 = u_2 I_2 \tag{2-1-4}$$

所以

$$\frac{I_2}{I_1} = \frac{u_1}{u_2} = \frac{N_1}{N_2} = \frac{1}{K} \tag{2-1-5}$$

上式表明，变压器具有变换电流的作用，电流大小与其匝数成反比。

2.1.3 变压器的分类

为了实现不同的使用目的，并适应不同的工作条件，变压器可以按照不同的分类方法进行分类。

按用途的不同，变压器可分为电力变压器和特种变压器两类。

按绕组构成的不同，变压器可分为自耦（单绕组）变压器、双绕组变压器、三绕组变压器和多绕组变压器。

按铁芯结构的不同，变压器可分为芯式变压器和壳式变压器。

按相数的不同，变压器可分为单相变压器、三相变压器和多相变压器。

按冷却方式的不同，变压器可分为干式变压器、油浸自冷式变压器、油浸风冷式变压器、充气式变压器和强迫油循环式变压器等。

2.1.4 变压器的铭牌数据

为保证变压器的正确使用，保证其正常工作，在每台变压器的外壳上都附有铭牌，标志其型号和主要参数。变压器的铭牌数据主要有：

2.1.4.1 额定容量 S_N

在铭牌上所规定的额定状态下变压器输出能力（视在功率）的保证值，称为变压器的额定容量。单位为 $V \cdot A$、$kV \cdot A$。对三相变压器，额定容量是指三相容量之和。

2.1.4.2 额定电压 U_{1N}/U_{2N}

标志在铭牌上的各绕组在空载、额定分接下端电压的保证值，U_{1N} 是电源加到一次绕组上的额定电压，U_{2N} 是一次绕组加上额定电压后，二次绕组开路（即空载运行）时二次绕组的端电压。单位为 V 或 kV。对三相变压器，额定电压是指线电压。

2.1.4.3 额定电流 I_{1N}/I_{2N}

根据额定容量和额定电压计算出的线电流称为额定电流，单位为 A。对三相变压器，额定电流是指线电流。

对单相变压器，一、二次绕组的额定电流为

$$I_{1N} = \frac{S_N}{U_{1N}}, \ I_{2N} = \frac{S_N}{U_{2N}} \tag{2-1-6}$$

对三相变压器，一、二次绕组的额定电流为

$$I_{1N} = \frac{S_N}{\sqrt{3} U_{1N}}, \ I_{2N} = \frac{S_N}{\sqrt{3} U_{2N}} \tag{2-1-7}$$

2.1.4.4 额定频率 f_N

我国规定标准工业用电的额定频率为 50Hz。

此外，额定运行时变压器的效率、温升等数据均为额定值。除额定值外，铭牌上还标有变压器的相数，连接方式与组别，运行方式（长期运行或短时运行）及冷却方式等。

【例 2-1-1】 一台单相变压器，额定电压为 220V/110V，如果将二次侧误接在 220V 电源上，对变压器有何影响？

【解】 单相变压器，额定电压为 220V/110V，额定电压是根据变压器的绝缘强度和允许发热条件而规定的绕组正常工作电压值，说明该单相变压器二次侧绕组正常工作电压值为110V，现将二次侧误接在 220V 电源上，首先 220V 电源电压大大超过其 110V 的正常工作电压值，二次侧绝缘强度不够有可能使绝缘击穿而损坏。

【例 2-1-2】 有一台三相变压器，$S_N = 500kV \cdot A$，$U_{1N}/U_{2N} = 10.5kV/6.3kV$，Yd 联结，求一、二次绕组的额定电流。

【解】 由 $S_N = \sqrt{3} U_{1N} I_{1N} = \sqrt{3} U_{2N} I_{2N}$

则：$I_{1N} = S_N / \sqrt{3} U_{1N} I_{1N} = 500kV \cdot A / \sqrt{3} \times 10.5kV = 27.49A$

$I_{2N} = S_N / \sqrt{3} U_{2N} I_{2N} = 500kV \cdot A / \sqrt{3} \times 6.3kV = 45.82A$

因一次绕组为 Y 接，线电流等于绕组相电流，则一次绕组额定电流为 27.49A；而二次绕组为 d 接，线电流等于 $\sqrt{3}$ 倍相电流，则二次绕组额定电流为 26.45A。

任务 **2.2** 变压器的空载运行与负载运行

2.2.1 变压器的空载运行

变压器的一次绕组接在额定电压的交流电源上,而二次绕组开路时的运行状态称为变压器的空载运行,如图 2-2-1 所示。图中 u_1 为一次绕组电压,u_{02} 为二次绕组空载电压,N_1、N_2 分别为一、二次绕组的匝数。

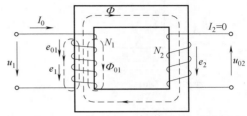

图 2-2-1 单相变压器空载运行示意图

2.2.1.1 变压器空载运行时各物理量的关系式

当变压器的一次绕组加上交流电压 u_1 时,一次绕组内便有一个交变电流 I_0 流过。由于二次绕组是开路的,二次绕组中没有电流。此时一次绕组中的电流 I_0 称为空载电流。同时在铁芯中产生交变磁通 Φ,其同时穿过变压器的一、二次绕组,因此又称其为交变主磁通。

设

$$\Phi = \Phi_m \sin\omega t \tag{2-2-1}$$

则变压器一次绕组的感应电动势为

$$e_1 = -N_1 \frac{\mathrm{d}\Phi}{\mathrm{d}t} = -N_1 \frac{\mathrm{d}(\Phi_m \omega \sin)}{\mathrm{d}t} = -N_1 \omega \Phi_m \cos\omega t$$

$$= N_1(2\pi f)\Phi_m \sin\left(\omega t - \frac{\pi}{2}\right) = E_{1m} \sin\left(\omega t - \frac{\pi}{2}\right) \tag{2-2-2}$$

式中 Φ_m——铁芯中的磁通;

f——频率;

ω——角频率。

式(2-2-2)表明,e_1 滞后于主磁通 $\frac{\pi}{2}$ 电角。式中 $2\pi f N_1 \Phi_m$ 为感应电动势最大值,用 E_{1m} 表示。把 E_{1m} 除以 $\sqrt{2}$,则可求出变压器一次绕组感应电动势的有效值为

$$E_1 = 4.44 f \Phi_m N_1 \tag{2-2-3}$$

同理,变压器二次绕组感应电动势的有效值为

$$E_2 = 4.44 f \Phi_m N_2 \tag{2-2-4}$$

若不计一次绕组中的阻抗,则外加电压几乎全部用来平衡反电动势,即

$$U_1 \approx E_1 \tag{2-2-5}$$

变压器空载时,其二次绕组是开路的,没有电流流过,二次绕组的端电压 U_{02} 与感应电动势 E_2 相等,则空载运行时二次侧电路电压平衡方程式为

$$U_{02} = E_2 \tag{2-2-6}$$

2.2.1.2 变压器的电压变换

由式(2-2-5)和式(2-2-6)可见,变压器一、二次绕组电压之比为

$$\frac{U_1}{U_{02}} = \frac{E_1}{E_2} = \frac{N_1}{N_2} = K \tag{2-2-7}$$

式中，N_1 是一次绕组匝数；N_2 是二次绕组匝数。由式（2-2-7）可见，变压器一、二次绕组的电压与一、二次绕组的匝数成正比，即变压器有变换电压的作用。

2.2.2 变压器的负载运行

当变压器的二次绕组接上负载阻抗 Z_L，则变压器投入负载运行，如图 2-2-2 所示。这

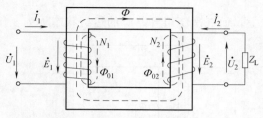

图 2-2-2　变压器负载运行示意图

时二次绕组中就有电流 $\dot{I}_2$ 流过，$\dot{I}_2$ 随负载的大小而变化，同时一次电流 $\dot{I}_1$ 也随之改变。变压器负载运行时的工作情况与空载运行时将发生显著变化。

2.2.2.1 变压器负载运行时的磁动势平衡方程

二次绕组接上负载后，电动势 E_2 将在二次绕组中产生电流 I_2，同时一次绕组的电流从空载电流 I_0 相应地增大为电流 I_1。I_2 越大 I_1 也越大。从能量转换角度来看，二次绕组接上负载后，产生电流 I_2，二次绕组向负载输出电能。这些电能只能由一次绕组从电源吸取通过主磁通 Φ 传递给二次绕组。二次绕组输出的电能越多，一次绕组吸取的电能也就越多。因此，二次电流变化时，一次电流也会相应地变化。从电磁关系的角度来看，二次绕组产生电流 I_2，二次磁动势 $N_2 I_2$ 也要在铁芯中产生磁通，即这时铁芯中的主磁通是由一次、二次绕组共同产生的。$N_2 I_2$ 的出现，将有改变铁芯中原有主磁通的趋势。但是，在一次绕组的外加电压 U_1 及频率 f 不变的情况下，由式（2-2-3）和式（2-2-5）可知，主磁通基本上保持不变。因而一次绕组的电流由 I_0 变到 I_1，使一次绕组磁动势由 $N_1 I_0$ 变成 $N_1 I_1$，以抵消 $N_2 I_2$。由此可知变压器负载运行时的总磁动势应与空载运行时的总磁动势基本相等，都为 $N_1 I_0$，即

$$N_1 \dot{I}_1 + N_2 \dot{I}_2 = N_1 \dot{I}_0 \tag{2-2-8}$$

上式称为变压器负载运行时的磁动势平衡方程。它说明，有载时一次绕组建立的 $N_1 \dot{I}_1$ 分为两部分，其一是 $N_1 \dot{I}_0$ 用来产生主磁通 Φ，其二是 $-N_2 \dot{I}_2$ 用来抵偿二次绕组磁动势 $N_2 \dot{I}_2$，从而保持磁通 Φ 基本不变。

2.2.2.2 变压器的电流变换

由于变压器的空载电流 $\dot{I}_0$ 很小，特别是在变压器接近满载时，$N_1 \dot{I}_0$ 相对于 $N_1 \dot{I}_1$ 或 $N_2 \dot{I}_2$ 而言基本上可以忽略不计，于是可得变压器一、二次绕组磁动势的有效值关系为

$$N_1 I_1 \approx N_2 I_2 \tag{2-2-9}$$

即

$$\frac{I_1}{I_2} \approx \frac{N_2}{N_1} = \frac{1}{K} \tag{2-2-10}$$

式（2-2-10）表明，变压器一、二次绕组的电流与一、二次绕组的匝数成反比，即变压器也有变换电流的作用。因此，变压器的高压绕组匝数多，而通过的电流小，绕组所用的导线较细；反之低压绕组匝数少，通过的电流大，绕组所用的导线较粗。

2.2.3 变压器的阻抗变换作用

变压器不但具有电压变换和电流变换的作用，还具有阻抗变换的作用，如图 2-2-3 所示。变压器的阻抗变换是通过改变变压器的电压比 K 来实现的。

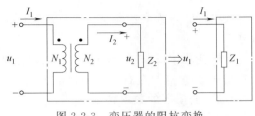

当变压器二次绕组接上阻抗为 Z 的负载后，根据图 2-2-3 所示，阻抗 Z_1 为

$$Z_1 = \frac{U_1}{I_1} \qquad (2\text{-}2\text{-}11)$$

图 2-2-3 变压器的阻抗变换

从变压器的二次绕组来看，阻抗 Z_2 为

$$Z_2 = \frac{U_2}{I_2} \qquad (2\text{-}2\text{-}12)$$

由此可得变压器一次、二次绕组的阻抗比为

$$\frac{Z_1}{Z_2} = \frac{U_1}{I_1}\frac{I_2}{U_2} = \frac{U_1}{U_2}\frac{I_2}{I_1} = \left(\frac{N_1}{N_2}\right)^2 = K^2 \qquad (2\text{-}2\text{-}13)$$

由式（2-2-13）可知：

① 只要改变变压器一次、二次绕组的匝数比，就可以改变变压器一次、二次绕组的阻抗比，从而获得所需的阻抗匹配。

② 接在变压器二次负载阻抗 Z_2 对变压器一次侧的影响，可以用一个接在变压器一次等效阻抗 $Z_1 = K^2 Z_2$ 来代替，代替后变压器一次电流 I_1 不变。

在电子电路中，为了获得较大的功率输出往往对输出电路的输出阻抗与所接的负载阻抗之间有一定的要求。例如，对音响设备来讲，为了能在扬声器中获得最好的音响效果（获得最大的功率输出），要求音响设备输出的阻抗与扬声器的阻抗尽量相等。但在实际上扬声器的阻抗往往只有几欧到十几欧，而音响设备等信号的输出阻抗往往很大，达到几百欧，甚至几千欧以上，因此通常在两者之间加接一个变压器（称为输出变压器、线间变压器）来达到阻抗匹配的目的。

2.2.4 变压器的工作特性

在实际应用中要正确、合理地使用变压器，需了解其运行时的工作特性及性能指标。变压器的工作特性主要有外特性和效率特性。

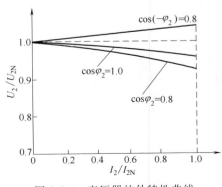

图 2-2-4 变压器的外特性曲线

2.2.4.1 变压器的外特性

变压器的外特性是指电源电压和负载的功率因数均为常数时，二次侧输出电压与负载电流之间的变化关系，即 $U_2 = f(I_2)$。如图 2-2-4 所示为变压器的外特性曲线，它表明输出电压随负载电流的变化而变化，在纯电阻负载时（$\cos\varphi_2 = 1.0$），端电压下降较少；在感性负载时（$\cos\varphi_2 = 0.8$），下降较多；在容性负载时 $[\cos(-\varphi_2) = 0.8]$，有可能上翘。

工程上，常用电压变化率 ΔU 来反映变压器二次侧端电压随负载变化的情况。

$$\Delta U = \frac{U_{2N} - U_2}{U_{2N}} \times 100\% \qquad (2\text{-}2\text{-}14)$$

式中，U_{2N} 为变压器空载时二次绕组的额定电压，U_2 为二次绕组输出额定电流时的输出电压。

电压变化率反映了变压器带负载运行时性能的好坏，是变压器的一个重要性能指标，一般控制在 $3\%\sim5\%$ 左右。为了保证供电质量，通常需要根据负载的变化情况进行调压。

2.2.4.2 变压器的效率特性

（1）损耗

变压器在传输电能的过程中会产生损耗，其内部损耗主要包括铜损耗和铁损耗两类。变压器绕组有一定的电阻，当电流通过绕组时会产生损耗，此损耗称为铜损耗，记作 P_{Cu}，与负载电流的平方成正比，因此铜损耗又称为"可变损耗"；当交变的磁通通过变压器铁芯时会产生磁滞损耗和涡流损耗，合称为铁损耗，记作 P_{Fe}，变压器的铁损耗与一次绕组所加电压大小有关，当电源电压一定时，铁损耗基本不变，因此铁损耗又称为"不变损耗"。变压器总损耗为 $\Delta P = P_{Cu} + P_{Fe}$。

（2）效率

变压器的输出功率 P_2 与输入功率 P_1 之比称为效率，用 η 表示，即

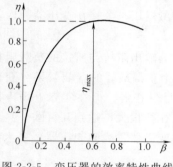

图 2-2-5 变压器的效率特性曲线

$$\eta = \frac{P_2}{P_1} \times 100\% = \frac{P_2}{P_2 + \Delta P} = \frac{P_2}{P_2 + P_{Cu} + P_{Fe}} \times 100\%$$

$$(2\text{-}2\text{-}15)$$

在负载功率因数 $\cos\varphi_2$ 一定时，变压器的效率 η 随负载电流 I_2 而变化的特性称为变压器的效率特性，通常用曲线表示，即 $\eta = f(I_2)$ 曲线称为效率特性曲线。如图 2-2-5 所示，当负载较小时，效率随负载的增大而迅速上升，当负载达到一定值时，效率随负载的增大反而下降，当铜损耗与铁损耗相等时，其效率最高，此时 β 一般在 0.5～0.6 之间。

[实践操作1] 单相铁芯变压器特性的测试

1. 任务说明

通过测量，计算变压器的各项参数，学会测绘变压器的空载特性与外特性。

2. 任务准备

（1）原理说明

① 图 2-2-6 为测试变压器参数的电路。由各仪表读得变压器原边（AX，低压侧）的 U_1、I_1、P_1 及副边（ax，高压侧）的 U_2、I_2，并用万用表 R×1 挡测出原、副绕组的电阻 R_1 和 R_2，即可算得变压器的以下各项参数值：

电压比 $K = \dfrac{U_1}{U_2}$，电流比 $K = \dfrac{I_2}{I_1}$

原边阻抗 $Z = \dfrac{U_1}{I_1}$，副边阻抗 $Z_2 = \dfrac{U_2}{I_2}$，阻抗比为 $\dfrac{Z_2}{Z_1}$

负载功率 $P_2 = U_1 I_2 \cos\varphi_2$，损耗功率 $P_0 = P_2 - P$，功率因数为 $\dfrac{P_1}{U_1 I_1}$

原边线圈铜耗 $P_{Cu1} = I_1^2 R_1$，副边铜耗 $P_{Cu2} = I_2^2 R_2$，铁耗 $P_{Fe} = P_0 - (P_{Cu1} + P_{Cu2})$

② 铁芯变压器是一个非线性元件，铁芯中的磁感应强度 B 决定于外加电压的有效值 U。当副边开路（即空载）时，原边的励磁电流 I_{10} 与磁场强度 H 成正比。在变压器中，副边空载时，原边电压与电流的关系称为变压器的空载特性，这与铁芯的磁化曲线（B-H 曲线）是一致的。

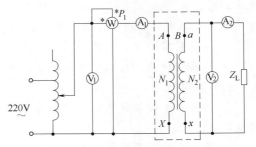

图 2-2-6　测试变压器参数的电路

空载实验通常是将高压侧开路，由低压侧通电进行测量，又因空载时功率因数很低，故测量功率时应采用低功率因数瓦特表。此外因变压器空载时阻抗很大，故电压表应接在电流表外侧。

③ 变压器外特性测试。以变压器 12V 的绕组作为原边，24V 的绕组作为副边，即当作一台升压变压器使用。在保持原边电压 $U_1 = 12V$ 不变时，逐次增加负载，测定 U_1、U_2、I_1 和 I_2，即可绘出变压器的外特性，即负载特性曲线 $U_2 = f(I_2)$。

注：要随时观测值，保证 I_1 小于 0.5A。

（2）实验设备

本实验所需的设备见表 2-2-1。

表 2-2-1　单相铁芯变压器特性的测试实操设备

序号	名称	型号与规格	数量	备注
1	交流电压表	0~500V	1	
2	交流电流表	0~5A	1	
3	单相功率表		1	自备
4	试验变压器		1	T01
5	自耦调压器		1	
6	白炽灯		3	HL5

3. 任务操作

（1）操作步骤

① 用交流法判别变压器绕组的同名端（测量方法见任务 2.3 的实践操作 2）。

② 按图 2-2-6 线路接线。其中 A、X 为变压器的低压绕组，a、x 为变压器的高压绕组。即电源经屏内调压器接至低压绕组，高压绕组 24V 接 Z_L 负载，经指导教师检查后方可进行实验。

③ 将调压器手柄置于输出电压为零的位置（逆时针旋到底），合上电源开关，并调节调压器，使其输出电压为 12V。令负载开路及逐次增加负载，分别记下五个仪表的读数，记入自拟的数据表格，绘制变压器外特性曲线。实验完毕将调压器调回零位，断开电源。

④ 将高压侧（副边）开路，确认调压器处在零位后，合上电源，调节调压器输出电压，使 U_1 从零逐次上升到 1.2 倍的额定电压（1.2×12V），分别记下各次测得的 U_1、U_{20} 和

I_{10} 数据，记入自拟的数据表格，用 U_1 和 I_{10} 绘制变压器的空载特性曲线。

（2）注意事项

① 本实验是将变压器作为升压变压器使用，并用调节调压器提供原边电压 U_1，故使用调压器时应首先调至零位，然后才可合上电源。此外，必须用电压表监视调压器的输出电压，防止被测变压器输出过高电压而损坏实验设备，且要注意安全，以防高压触电。

② 由负载实验转到空载实验时，要注意及时变更仪表量程。

③ 遇异常情况，应立即断开电源，待处理好故障后，再继续实验。

（3）思考题

① 为什么本实验将低压绕组作为原边进行通电实验？此时，在实验过程中应注意什么问题？

② 为什么变压器的励磁参数一定是在空载实验加额定电压的情况下求出？

（4）实验报告

① 根据实验内容，自拟数据表格，绘出变压器的外特性和空载特性曲线。

② 根据额定负载时测得的数据，计算变压器的各项参数。

③ 计算变压器的电压调整率 $\Delta U = \dfrac{U_{20} - U_{2N}}{U_{20}} \times 100\%$。

任务 2.3　三相变压器

在电力系统中，普遍采用三相制供电方式，因而三相变压器获得最广泛的应用。从运行原理上看，三相变压器在对称负载下运行时，各相电压、电流大小相等，相位彼此相差 $120°$，各相参数也相等，因而可取一相进行分析，分析方法与单相变压器相同。通过本任务的学习，主要了解三相变压器的组成，掌握三相变压器的绕组联结及绕组的极性与测量等问题，以便解决生产实际问题。

2.3.1　三相变压器的组成

三相变压器按照磁路的不同可分为两种：一种是三相变压器组，即由三台相同容量的单相变压器，按照一定的方式连接起来；另一种是三相芯式变压器，它具有三个铁芯柱，把三相绕组分别套在三个铁芯柱上。三相芯式变压器由于体积小、经济性好，所以被广泛应用。

2.3.1.1　三相变压器组

二维码 2-3
三相变压器结
构原理

三相变压器组是把三个同容量的变压器根据需要将其一次、二次绕组分别接成星形或三角形。一般三相变压器组的一次、二次绕组均采用星形联结，如图 2-3-1 所示。三相变压器组由于是由三台变压器按一定方式连接而成，三台变压器之间只有电的联系，而各自的磁路相互独立，互不关联，即各相主磁通都有自己独立的磁路。当三相变压器组一次侧施以对称三相电压时，则三相的主磁通也一定是对称的，三相空载电流也对称。巨型变压器为了便于制造和运输，多采用三相组式变压器。

2.3.1.2　三相芯式变压器

三相芯式变压器是由三相变压器组演变而来的。把三个单相芯式变压器合并成

图 2-3-2（a）所示的结构，通过中间芯柱的磁通为三相磁通的相量和。当三相电压对称时，则三相磁通总和 $\dot{\Phi}_U + \dot{\Phi}_V + \dot{\Phi}_W = 0$，即中间芯柱中无磁通通过，可以省略，如图 2-3-2（b）所示。为了制造方便和节省硅钢片将三相铁芯柱布置在同一平面内，演变成为如图 2-3-2（c）所示的结构，这就是目前广泛采用的三相芯式变压器的铁芯。由图 2-3-2 可见，三相芯式

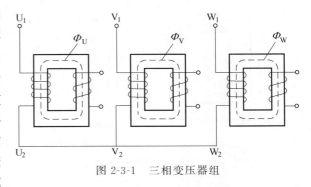

图 2-3-1 三相变压器组

变压器的磁路特点为：三相磁路有共同的磁轭，它们彼此关联，各相磁通要借另外两相的磁通闭合，即磁路系统是不对称的。在三相芯式变压器中，由于中间磁路较短，中间相的磁阻要比旁边两相的磁阻小一些。当外加三相电压对称时，中间一相的空载电流很小，导致三相空载电流不对称。由于空载电流很小，这种不对称对变压器影响不大，可以忽略不计。

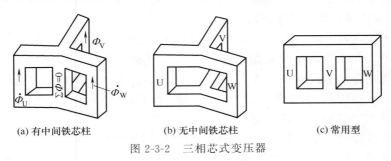

(a) 有中间铁芯柱　　　(b) 无中间铁芯柱　　　(c) 常用型

图 2-3-2 三相芯式变压器

2.3.2 三相变压器的绕组联结

三相变压器高、低压绕组的首端常用 U_1、V_1、W_1 标记和 u_1、v_1、w_1，而其末端常用 U_2、V_2、W_2 和 u_2、v_2、w_2 标记。单相变压器的高、低压绕组的首端则用 U_1、u_1 标记，其末端则用 U_2、u_2 标记，常见的三相变压器的首末端标记见表 2-3-1。

表 2-3-1 变压器绕组的首末端标记

绕组名称	单相变压器		三相变压器		
	首端	末端	首端	末端	中性点
高压绕组	U_1	U_2	U_1、V_1、W_1	U_2、V_2、W_2	N
低压绕组	u_1	u_2	u_1、v_1、w_1	u_2、v_2、w_2	n
中压绕组	U_{1m}	U_{2m}	U_{1m}、V_{1m}、W_{1m}	U_{2m}、V_{2m}、W_{2m}	N_m

为了说明三相绕组的联结组问题，首先要研究每相中一、二次绕组感应电势的相位关系问题，或者称为极性问题。

2.3.2.1 变压器绕组的极性

变压器的一、二次绕组绕在同一个铁芯上，都被同一主磁通 Φ 所交链，故当磁通 Φ 交变时，将会使得变压器的一、二次绕组中感应出的电动势之间有一定的极电性关系，即当同一瞬间一次绕组的某一端点的电位为正时，二次绕组也必有一个端点的电位为正，这两个对应的端点，我们称为同极性端或同名端，通常用符号"·"表示。

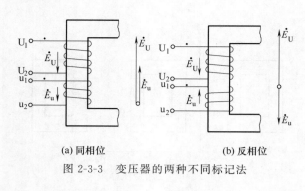

<table>
<tr><td>(a) 同相位</td><td>(b) 反相位</td></tr>
</table>

图 2-3-3 变压器的两种不同标记法

图 2-3-3（a）所示的变压器一、二次绕组的绕向相同，引出端的标记方法也相同（同名端均在首端）。设绕组电动势的正方向均规定从首端到末端（正电动势与正磁通符合右手螺旋定则），由于一、二次绕组中的电动势 $\dot{E}_U$ 与 $\dot{E}_u$ 是同一主磁通产生的，它们的瞬时方向相同，所以一、二次绕组电动势 $\dot{E}_U$ 与 $\dot{E}_u$（或电压）是相同的，其相位关系可以用相量 $\dot{E}_U$ 与 $\dot{E}_u$ 表示。如果一、二次绕组的绕向相反，如图 2-3-3（b）所示，但出线标记仍不变，由图可见在同一瞬时，一次绕组感应电动势的方向从 U_1 到 U_2，二次绕组感应电动势的方向则是从 u_2 到 u_1，即 $\dot{E}_U$ 与 $\dot{E}_u$ 反相，其相位关系同样可以用相量 $\dot{E}_U$ 与 $\dot{E}_u$ 表示。

2.3.2.2 三相变压器绕组的联结方法

在三相电力变压器中，不论是高压绕组还是低压绕组，均采用星形联结与三角形联结两种方法。三相电力变压器的星形联结是把三相绕组的末端 U_2、V_2、W_2（或 u_2、v_2、w_2）连接在一起，而把它们的首端 U_1、V_1、W_1（或 u_1、v_1、w_1）分别用导线引出接三相电源，构成星形联结（Y 接法），用字母"Y"或"y"表示，如图 2-3-4（a）所示。带有中性线的星形联结用字母"YN"或"yn"表示。

三相电力变压器的三角形联结是把一相绕组的首端和另外一相绕组的末端连接在一起，顺次连接成为一闭合回路，然后从首端 U_1、V_1、W_1（或 u_1、v_1、w_1）分别用导线引出接三相电源，如图 2-3-4（b）、（c）所示。图 2-3-4（b）的三相绕组按 U_2W_1、W_2V_1、V_2U_1 的次序连接，称为逆序（逆时针）三角形联结。而图 2-3-4（c）的三相绕组按 U_2V_1、V_2W_1、W_2U_1 的次序连接，称为顺序（顺时针）三角形联结。三角形联结，用字母"D"或"d"表示。

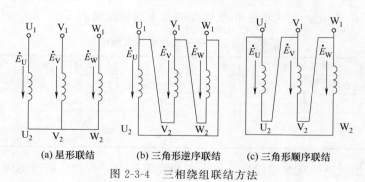

<table>
<tr><td>(a) 星形联结</td><td>(b) 三角形逆序联结</td><td>(c) 三角形顺序联结</td></tr>
</table>

图 2-3-4 三相绕组联结方法

在星形联结中，其相电压只有线电压的 $1/\sqrt{3}$，绕组的绝缘等级相应可以降低，此联结比较适用于高压绕组；在三角形联结中，导线截面可以比星形联结时减小到 $1/\sqrt{3}$，节省材料，便于绕制，此联结比较适用于大电流的低压绕组。

2.3.2.3 三相变压器的联结组别

三相变压器一、二次绕组不同接法的组合，形成不同的联结组，例如 Yy、Yd、Ynd、

Yyn、Dy、Dd 等，其中 Yy、Yd、Ynd、Yyn 为常用的联结组。

联结组反映了变压器高、低压侧绕组的连接方式及高、低压侧对应线电动势的相位关系。国际上规定，线电动势的相位关系用时钟法表示，即规定一次绕组线电动势 $\dot{E}_{uv}$ 为长针，永远指向"12"点钟方向，二次绕组线电动势 $\dot{E}_{uv}$ 为短针，它指向几点钟，该时钟数字就是三相变压器联结组的标号。

需要注意的是，三相变压器的联结组不仅与首末端的标记和绕组的绕向有关，还与三相绕组的连接方式有关。

（1）Yy 联结组

在 Yy 联结组中，变压器的一、二次绕组都采用星形联结，接法如图 2-3-5（a）所示。若变压器一、二次绕组的首端为同名端，则一、二次绕组对应的相电动势之间相位相同，线电动势之间的相位也相同，线电动势向量图如图 2-3-5（b）所示。将一次绕组线电动势 $\dot{E}_{UV}$ 指向"12"点钟方向，此时二次绕组线电动势 $\dot{E}_{uv}$ 也指向"12"点钟方向，如图 2-3-5（c）所示。故这种连接方式称为 Yy0 联结组。

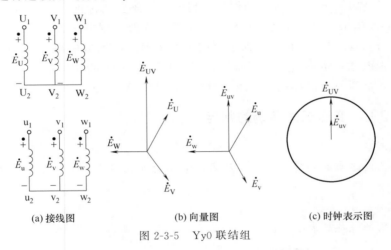

(a) 接线图   (b) 向量图   (c) 时钟表示图

图 2-3-5 Yy0 联结组

在 Yy 联结组中，若变压器一、二次绕组的首端为异名端，则二次绕组线电动势 $\dot{E}_{uv}$ 与一次绕组线电动势 $\dot{E}_{UV}$ 向量方向相反，$\dot{E}_{uv}$ 指向"6"点钟方向，此时这种连接方式称为 Yy6 联结组。

（2）Yd 联结组

在 Yd 联结组中，变压器的一次绕组采用星形联结，二次绕组采用逆序三角形联结，接法如图 2-3-6（a）所示。变压器一、二次的首端为同名端，一、二次绕组线电动势对应相电动势的向量图如图 2-3-6（b）所示。将一次绕组线电动势 $\dot{E}_{UV}$ 指向"12"点钟方向，此时二次绕组线电动势 $\dot{E}_{uv} = -\dot{E}_{v}$，它超前 $\dot{E}_{UV}30°$，指向时钟"11"点钟方向，如图 2-3-6（c）所示，故这种连接方式称为 Yd11 联结组。

若在 Yd11 联结中将二次绕组的三角形联结相序改变，变为顺序三角形联结，则时钟短针 $\dot{E}_{uv}$ 将滞后 $E_{UV}30°$，指向时钟"1"点钟方向，称为 Yd1 联结组。

三相电力变压器联结组的种类很多，为了制造和运行方便的需要，我国规定了 Yyn0、

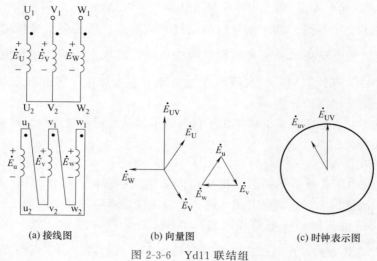

(a) 接线图　　　　(b) 向量图　　　　(c) 时钟表示图

图 2-3-6　Yd11 联结组

Yd11、YNd11、YNy0 和 Yy0 等五种作为三相电力变压器的标准联结组。其中前三种应用最为广泛，Yyn0 用于容量不大的三相配电变压器，其低压侧电压为 400～430V，可兼供动力和照明的混合负载。Yd11 联结组别主要用于变压器二次侧电压超过 400V 的线路，其二次侧成为三角形联结，主要是对变压器的运行有利。YNd11 的变压器联结组别主要用于高压输电线路中，高压侧可以接地，电压一般在 35～110kV 及以上。

［实践操作 2］　变压器同名端的判定

1. 任务说明

通过变压器同名端的判定，掌握变压器同名端的直流测量方法和交流测量方法，学会辨认变压器同名端。

2. 任务准备

本实操所需的设备见表 2-3-1。

表 2-3-1　变压器同名端的判定实操设备

序号	名称	数量
1	单相变压器	1 台
2	指针式万用表	1 件
3	交流电压表	1 件

3. 任务操作

（1）直流测量法

测定变压器同名端的直流法如图 2-3-7 所示。用 1.5V 或 3V 的直流电源，按图中所示进行连接，直流电源接在高压绕组上，而直流电压表接在低压绕组的两端。当开关 S 闭合瞬间，高压绕组 N_1、低压绕组 N_2 分别产生电动势 e_1 和 e_2。若电压表的指针向正方向摆动，则说明 e_1 和 e_2 反方向。则此时 U_1 和 u_1、U_2 和 u_2 为同名端。若电压表的指针向反方向摆动，则说明 e_1 和 e_2 反方向。则此时 U_1 和 u_2，U_2 和 u_1 为同名端。

（2）交流测量法

测定变压器同名端的交流法如图 2-3-8 所示。图中将变压器一、二次绕组各取一个接线端子连接在一起，如图中的接线端子 2 和 4，并且在一个绕组上（图中为 N_1 绕组）加一个较低的交流电压 u_{12}，再用交流电压表分别测量出 u_{13}、u_{13}、u_{14} 各端电压值，如果测量结果为 $u_{13} = u_{12} - u_{34}$，则说明变压器一、二次绕组 N_1、N_2 为反极性串联，由此可知，接线端子 1 和接线端子 3 为同名端。若测量结果为 $u_{13} = u_{12} + u_{34}$，则接线端子 1 和接线端子 4 为同名端。

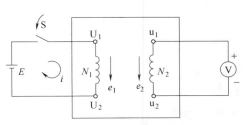
图 2-3-7 测定同名端的直流法

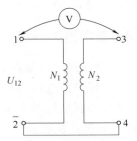
图 2-3-8 测定同名端的交流法

任务 2.4 变压器的并联运行

2.4.1 变压器并联运行的意义

在现代电力系统中，常采用多台变压器并联运行的方式供电。并联运行是指将各台变压器的一次侧并联在一起，通过公共母线接于同一电源；二次侧并联在一起，通过公共母线上向共同的负载供电的运行方式。变压器的并联运行如图 2-4-1 所示。

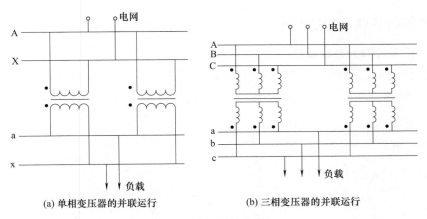

(a) 单相变压器的并联运行   (b) 三相变压器的并联运行

图 2-4-1 变压器的并联运行

与单台变压器供电相比，并联运行主要有以下几个优点：

① 可以提高供电的可靠性。在同时运行的多台变压器中，如果有变压器发生故障，可以在其他变压器继续工作的情况下将其切除，并进行维修，不会影响供电的连续性和可靠性。

② 可以提高供电的经济效益。变压器所带负载是随季节、气候、早晚等外部情况的变

化而改变的，而变压器轻载时效率较低。并联运行时，可以根据负载的需要来决定投入运行的变压器的台数，以使其工作在效率较高的状态，从而提高了运行的经济性。

③ 减少初投资。由于并联运行时单台变压器的容量较小，所以可减小变电所的备用容量。另外，可随着用电量的增加，分期地并入新的变压器，以减小初期投资。

不过，变压器并联运行的台数过多也是不经济的，因为一台大容量的变压器，其造价要比总容量相同的几台小变压器的低，而且占地面积小。

2.4.2 变压器并联运行的条件

2.4.2.1 变压器并联运行的理想情况

并不是任意的变压器都可以组合在一起就能并联运行的，为减少损耗，避免可能出现的情况，希望并联运行的变压器能实现以下的理想情况：

① 空载时并联的各变压器之间没有环流，以避免环流铜耗。

② 负载时，各变压器所承担的负载电流应按其容量的大小成正比例分配，防止其中某台过载或欠载，使并联组的容量得到充分利用。

③ 负载后，各变压器所分担的电流应与总的负载电流同相位。这样在总的负载电流一定时，变压器所分担的电流最小。如果各变压器二次侧的电流一定，则共同承担的负载电流为最大。

2.4.2.2 变压器理想并联运行的条件

要达到理想并联运行的要求，需满足下列条件：

① 各台变压器的额定电压应相等，即各台变压器的电压比应相等，否则会出现环流。

② 各台变压器的连接组必须相同，否则大环流会烧坏变压器。

③ 各台变压器的短路阻抗（或短路电压）的相对值要相等，否则变压器的利用率降低。变压器并联运行时，前两个条件是必须满足的，最后一个条件要求不是很严格。

2.4.3 变压器并联运行的特点

2.4.3.1 变比不等时的并联运行

设两台同容量的变压器 T_1 和 T_2 并联运行，如图 2-4-2（a）所示，其变压比有微小的差别。其一次绕组接在同一电源电压 U_1 下，二次绕组并联后，也应有相同的 U_2，但由于变压比不同，两个二次绕组之间的电动势有差别，设 $E_1 > E_2$，则电动势差值 $\Delta \dot{E} = E_1 - E_2$，会在两个二次绕组之间形成环流 $\dot{I}_C$，如图 2-4-2（b）所示，这个电流称为平衡电流，其值与两台变压器的短路阻抗 Z_{S1} 和 Z_{S2} 有关，即 $\dot{I}_C = \dfrac{\Delta E}{Z_{S1} + Z_{S2}}$。

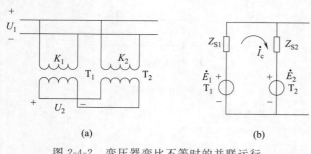

图 2-4-2   变压器变比不等时的并联运行

变压器的短路阻抗不大，故在不大的 ΔE 下也会有很大的平衡电流。变压器空载运行时，平衡电流流过绕组，会增大空载损耗，平衡电流越大则损耗会越多。当变压器负载时，二次侧电动势高的那一台电流增大，而另一台则减小，可能使前者超过额定电流而过载，后者则小于额定电流值。所以，有关变压器的标准中规定，并联运行的变压器，其变压比误差不允许超过±0.5%。

2.4.3.2　连接组别不同时变压器的并联运行

如果两台变压器的变比和短路阻抗均相等，但是连接组别不同时并联运行，则其后果十分严重。因为连接组别不同时，两台变压器二次绕组电压的相位差就不同，它们线电压的相位差至少为30°，因此会产生很大的电压差 ΔU_2。图 2-4-3 所示为 Yy0 和 Yd11 两台变压器并联，二次绕组线电压之间的电压差 ΔU_2 的数值为

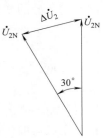

$$\Delta U_2 = 2U_{2N}\sin\frac{30°}{2} = 0.518U_{2N}$$

这样大的电压差将在两台并联变压器二次绕组中产生比额定电流大得多的空载环流，导致变压器损坏，故连接组别不同的变压器绝对不允许并联运行。

图 2-4-3　两台变压器并联运行的电压差

2.4.3.3　短路阻抗（短路电压）不等时变压器的并联运行

设两台容量相同、变比相等、连接组别也相同的三相变压器并联运行，现在来分析它们的负载如何均衡分配。设负载为对称负载，则可取其一相来分析。

如这两台变压器的短路阻抗也相等，则流过两台变压器中的负载电流也相等，即负载均匀分布，这是理想情况。如果短路阻抗不等，设 $Z_{S1}I_1 > Z_{S2}I_2$，则由于两台变压器一次绕组接在同一电源上，变比及连接组别又相同，故二次绕组的感应电动势及输出电压均应相等，但由于 Z_S 不等，见图 2-4-2（b），由欧姆定律可得 $Z_{S1}I_1 = Z_{S2}I_1$，其中 I_1 为流过变压器 T_1 绕组的电流（负载电流），I_2 为流过变压器 T_2 绕组的电流（负载电流）。由此公式可见，并联运行时，负载电流的分配与各台变压器的短路阻抗成反比，短路阻抗小的变压器输出的电流要大，短路阻抗大的输出电流较小，则其容量得不到充分利用。因此，国家标准规定：并联运行的变压器其短路电压比不应超过10%。

变压器的并联运行，还存在一个负载分配的问题。两台同容量的变压器并联，由于短路阻抗的差别很小，可以做到接近均匀地分配负载。当容量差别较大时，合理分配负载是困难的。特别是担心小容量的变压器过载，而使大容量的变压器得不到充分利用。为此，要求投入并联运行的各变压器中，最大容量与最小容量之比不宜超过 3∶1。

任务 2.5　特殊用途的变压器

随着工业的发展，除了常规的双绕组电力变压器外，还有适用于各种用途的特殊变压器，其基本原理与普通双绕组电力变压器相同或相似，用得最多的有自耦变压器、电流互感器、电压互感器等。

2.5.1　自耦变压器

普通变压器一般指双绕组变压器，其一次、二次绕组在电路上是互相分开的。而自耦变压器是一种单绕组变压器，其中一次绕组的部分线圈兼作二次绕组。因此，自耦变压器的一次、二次绕组之间不仅有磁的耦合，在电路上还互相连通，如图 2-5-1 所示。

与普通变压器一样，当一次绕组接上交流电压 U_1 后，铁芯产生交流磁通，在 N_1 和 N_2 上的感应电动势分别为：

$$E_1 = 4.44fN_1\Phi_m$$
$$E_2 = 4.44fN_2\Phi_m$$

因此变压器的变比为：

$$K = \frac{E_1}{E_2} = \frac{N_1}{N_2} = \frac{U_1}{U_2} = \frac{I_1}{I_2} \qquad (2\text{-}5\text{-}1)$$

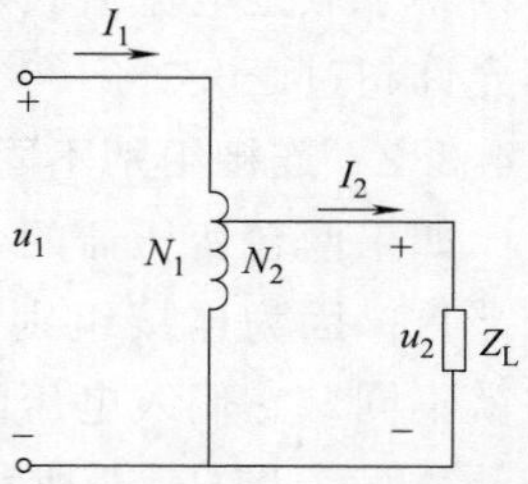

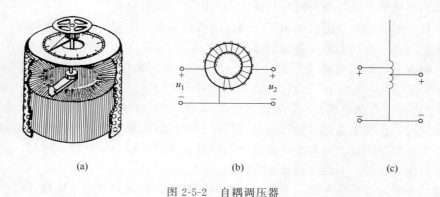

图 2-5-1　自耦变压器

由此可见，适当选择匝数 N_2 就可以在二次侧电路中获得所需要的电压 U_2。若将二次绕组接通电源（在二次绕组额定电压之内），则自耦变压器可作为升压变压器使用。

自耦变压器的优点是：结构简单，节省铜线，效率比普通变压器高。其缺点是：由于高低压绕组在电路上是相通的，对使用者构成潜在的危险，因此自耦变压器的变比一般在 1.5～2 之内。

对于低压小容量的自耦变压器，可将其二次绕组的分接头做成能沿着线圈自由滑动的触头，因而可以平滑地调节二次侧电压。这种变压器称为自耦调压器，如图 2-5-2 所示。

图 2-5-2　自耦调压器

(a)　　　　　　　　　(b)　　　　　　　　　(c)

自耦调压器常在实验室中使用。注意在使用前必须把手柄转到零位，使转出电压为零，以后再慢慢顺时针转动手柄使转出电压逐步上升。

按照电器安全操作规程，自耦变压器不能作为安全变压器使用，因为线路万一接错将可能发生触电事故，因此规定：安全变压器一定要采用一次绕组和二次绕组互相分开的双绕组变压器。

2.5.2　多绕组变压器

有三个或更多个绕组的变压器，称为多绕组变压器或多电路变压器，常用于具有不同的三个电压或更多个电路互相连接。对此用途，多绕组变压器比等效数目的双绕组变压器花费较少，效率更高。在电子装置的多输出直流供电中，经常可以看到单一次侧、多二次侧的变压器。

同样，大配电系统可能是通过三相多绕组变压器组，由具有不同电压的两个或更多个传输系统供电的。此外，用于使不同电压的两个传输系统互相连接的三相变压器组，常常带有第三套绕组，来为变电站中的辅助用电装置提供电压，或供给本地配电系统。三相三绕组变压器通常采用 Y-Y-△接法，即原、副绕组均为 Y 接法，第三绕组接成△。△接法本身是一个闭合回路，许可通过同相位的三次谐波电流，从而使 Y 接原、副绕组中不出现三次谐波电压。这样它可以为原、副边都提供一个中性点。

多绕组变压器在使用中将引起的若干问题，如漏阻抗对电压调整率、短路电流及电路同负载分配等。这些问题可以用类似于双绕组变压器的方法去解决。

2.5.3　电流互感器和电压互感器

由于电力系统的电压范围高达几百千伏，电流可能为数十千安，这就需要将这些高电压、大电流用变压器变为较为安全的低压、低流等级形式，以提供给测量仪器。测量高电压的专用变压器叫电压互感器（PT），测量大电流的专用变压器叫电流互感器（CT）。电压互感器和电流互感器用在仪器测量中，以使被测高电压或大电流满足仪表和其他仪器的量程。

2.5.3.1　电流互感器

电流互感器接线图如图 2-5-3（a）所示，用于解决大电流的测量问题。电流互感器与普通变压器的结构相似，也是由一次和二次绕组组成。其一次绕组串接于被测线路中，二次绕组与测量仪表或继电器的电流线圈串联，二次绕组的电流按一定的变比反应一次侧电路的电流。一次绕组的匝数很少，一般只有 1 匝至几匝，二次绕组的匝数很多，用较细的导线绕制。其变流原理是根据 $I_2 = I_1 K$，改变匝数比，就可以改变变流比 K，用较小量程的电流表测量较大的电流。

二维码 2-4
电流互感器结构原理

使用时，电流互感器的二次绕组必须有一点接地。由于作为电流互感器负载的电流表或继电器的电流线圈阻抗都很小，所以，电流互感器在正常运行时接近于短路状态。电流互感器的特点是：①一次绕组串联在被测线路中，并且匝数很少，因此，一次绕组中的电流完全取决于被测电路的负荷电流，而与二次侧电流无关；② 电流互感器二次绕组的电压只有几伏，接电流表或电能表的电流线圈。因电能表、电流表线圈的阻抗很低，所以互感器的二次绕组工作时相当于短路。

电流互感器一、二次侧额定电流之比，称为电流互感器的额定互感比

$$k = \frac{I_{1N}}{I_{2N}} \tag{2-5-2}$$

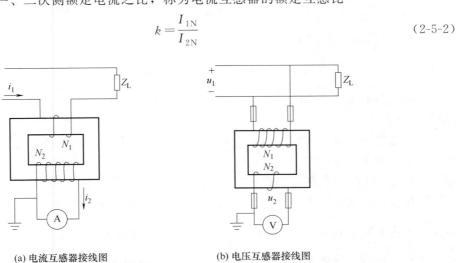

(a) 电流互感器接线图　　　　　　(b) 电压互感器接线图

图 2-5-3　互感器接线圈

因为一次绕组额定电流 I_{1N} 已标准化，二次绕组额定电流 I_{2N} 统一为 5（或 1、0.5）A，所以电流互感器额定互感比也标准化了。为安全起见，电流互感器在运行时二次绕组严禁开路，因为开路会造成二次绕组过压击穿而损坏；铁芯、低压绕组的一端接地，以防在绝缘损坏时，在二次绕组侧出现过压现象。

2.5.3.2　电压互感器

二维码 2-5
电压互感器的
结构原理

电压互感器又称仪表变压器，其工作原理、结构和接线方式都与变压器相同。电压互感器接线图如图 2-5-3（b）所示，与小型双绕组普通降压变压器的结构相同。电压互感器一次侧绕组并联接入被测量线路。二次侧接有电压表，相当于一个二次开路的变压器。电压互感器的特点是：①与普通变压器相比，容量较小，类似一台小容量变压器；②二次侧负荷比较恒定，所接测量仪表和继电器的电压线圈阻抗很大，因此，在正常运行时，电压互感器接近于空载状态。

电压互感器是为了解决高电压的测量问题。高电压通过电压互感器降压后，可选择较低量程的电压表进行测量，测出的电压值乘以互感器的变压比 K，就是被测电压值。

电压互感器的一、二次绕组额定电压之比，称为电压互感器的额定电压比，即

$$k=\frac{U_{1N}}{U_{2N}} \tag{2-5-3}$$

式中，一次侧额定电压 U_{1N} 是电网的额定电压，且已标准化，如 10kV、35kV、110kV、220kV 等，二次侧额定电压 U_{2N}，则统一定为 100V 或 $100/\sqrt{3}$ V，所以 K 也就相应地实现了标准化。

电压互感器因为测量电压很高，输入端要采用绝缘程度较高的接线端子。为安全起见，二次侧绕组必须有一点可靠接地，并且二次侧绕组绝对不能短路。

【例 2-5-1】　用变压比为 10000/100 的电压互感器，变流比为 100/5 的电流互感器扩大量程，其电流表读数为 3.5A，电压表读数为 96V，试求被测电路的电流、电压各为多少？

【解】　因为电流互感器负载电流等于电流表读数乘上电流互感器电流比，即

$$I_1=\frac{N_2}{N_1}I_2=K_I I_2=\frac{100}{5}\times 3.5A=70A$$

而电压互感器所测高电压等于电压表读数乘上电压比，即

$$U_1=\frac{N_1}{N_2}U_2=K_u U_2=\frac{10000}{100}\times 96V=9600V$$

被测电路的电流为 70A，电压为 9600V。

[项目小结]

变压器主要由铁芯和绕组组成，利用电磁感应原理工作的一种电磁装置，可实现变电压、变电流和变阻抗的作用。

变压器一次绕组接额定交流电压，二次绕组开路时的运行方式称为空载运行。若变压器一次绕组接额定交流电压，而二次绕组与负载相连的运行方式称为负载运行。变压器运行时电压、电流变换的基本公式为：$\frac{U_1}{U_2}=\frac{I_2}{I_1}=\frac{N_1}{N_2}=K$，阻抗变换的基本公式为 $Z^1=K^2 Z$。

单相变压器是指接在单相交流电源上用来改变单相交流电压的变压器，其容量一般都比较小，主要用作控制及照明。

变压器在应用时，要工作在额定状态，如果超过了额定状态，会造成变压器的过载而损坏。电力变压器都有铭牌，铭牌内容包括变压器的使用要求和技术参数，应用时必须细读。对单相变压器 $I_{1N} = \dfrac{S_N}{U_{1N}}$，$I_{2N} = \dfrac{S_N}{U_{2N}}$。应注意的是，三相变压器的额定电压、额定电流分别指线电压和线电流，因此对于三相变压器 $I_{1N} = \dfrac{S_N}{\sqrt{3}\,U_{1N}}$，$I_{2N} = \dfrac{S_N}{\sqrt{3}\,U_{2N}}$。

变压器运行时既有主磁通又有漏磁通。建立主磁通是变压器进行能量转换、传递的先决条件。而漏磁通虽然不是变压器工作需要，但却是无法避免的，其值远小于主磁通且与产生它的电流成正比，通常用漏抗压降来代表它在绕组中感应电动势的作用。

感应电动势 E 的大小与电源频率 f、绕组匝数 N 及铁芯中主磁通的最大值 Φ_m 成正比。在相位上落后产生它的主磁通 $90°$。而主磁通的大小则取决于电源电压的大小、频率和绕组的匝数，而与磁路所用材料的性质和尺寸无关。

变压器是通过一次侧的电压平衡、磁动势平衡和二次侧的电压平衡来完成能量转换过程的。这三个平衡之间相互影响，相互制约。

电力变压器在运行中其输出电压将随输出电流的变化而变化，从实际应用出发，希望输出电压的变化越小越好，即希望变压器的外特性曲线尽量平坦，或变压器的电压变化率尽量小。

变压器在运行过程中有能量的损耗，其中铁损耗主要是指铁芯中的磁滞及涡流损耗。铁损耗与变压器输出电流的大小无关，又称为"不变损耗"。铜损耗主要指电流在一次、二次绕组中电阻上的损耗，它随电流变化而变化，因此又称为"可变损耗"。通常变压器的损耗比电机要小得多，因此变压器的效率很高。变压器的铁损耗及铜损耗可通过变压器的空载试验及短路试验进行测定。当变压器的不变损耗和可变损耗相等时，变压器效率达到最高。

电压变化率和效率是变压器的两个重要指标。电压变化率越小，变压器的供电质量越高；效率越高，变压器运行的经济性越好。

三相变压器在对称运行时，取任意一相看，电磁关系与单相变压器完全相同，因此单相变压器的各种分析方法和结论完全适用于三相变压器。

三相变压器按照磁路的不同可分为两种：一种是三相组式变压器，一种是三相芯式变压器。前者的三相磁路彼此独立，优点是便于运输和备用容量小，主要用于巨型变压器；后者的三相磁路互相关联，优点是节省材料。

三相变压器的特点是用它的联结组来表达的。三相变压器联结组反映了变压器高、低压侧绕组的连接方式及高、低压侧对应线电动势的相位关系。为了明确三相变压器的联结组，必须先明确绕组的同名端和时钟表示法。当同一瞬间变压器一次绕组某一端点的电位为正时，二次绕组也必有一个端点的电位为正，这两个对应的端点称为同极性端或同名端，用符号"·"表示。三相变压器一、二次绕组不同接法的组合，形成不同的联结组，Yy、Yd、Ynd、Yyn 为常用的联结组。

变压器的并联运行可以提高供电的可靠性和经济性。变压器并联运行有三个条件，其中变比相同和连接组号相同是必须保证的。

自耦变压器、电流互感器、电压互感器的基本原理与普通双绕组变压器相同或相似。

一次、二次绕组共用一个绕组的变压器称为自耦变压器，它结构比较简单。输出电压可自由调节的自耦变压器称为自耦调压器，它主要在实验室中使用。

电压互感器和电流互感器主要用于扩大交流电压表和交流电流表的测量范围。实质上是一个变压比或变流比大的特殊变压器，电流互感器运行于短路状态，电压互感器运行于空载状态的双绕组变压器。使用互感器一是为操作人员安全，使测量回路与高压电源隔离；二是使用小量程电流表测量大电流，或用低量程电压表测量高电压。

[项目综合测试]

一、填空题

1. 变压器的主要部件有_____和_____，变压器的基本工作原理是_____。

2. 变压器可实现_____、_____及_____的作用。

3. 三相变压器按照磁路的不同可分为_____和_____两种类型。

4. 仪用互感器包括_____和_____。

二、单选题

1. 一台单相变压器在铁芯叠装时，由于硅钢片剪裁不当，叠装时接缝处留有较大的缝隙，那么此台变压器的空载电流将（　　　）。

A. 减少　　　　　B. 增加　　　　　C. 不变　　　　　D. 先增加后减小

2. 为了降低铁芯损耗，铁芯选用叠片方式，叠片越厚，其损耗（　　　）。

A. 越大　　　　　B. 越小　　　　　C. 不变　　　　　D. 无法确定

3. 两台容量不同、变比和连接组别相同的三相电力变压器并联运行，则（　　　）。

A. 变压器所分担的容量与其额定容量之比与其短路阻抗成正比

B. 变压器所分担的容量与其额定容量之比与其短路阻抗成反比

C. 变压器所分担的容量与其额定容量之比与其短路阻抗标幺值成正比

D. 变压器所分担的容量与其额定容量之比与其短路阻抗标幺值成反比

4. 电流互感器的二次回路不允许接（　　　）。

A. 测量仪表　　　B. 继电器　　　　C. 短路线　　　　D. 熔断器

5. 某单相变压器 $U_{1N}/U_{2N} = -220/110$，则 R_1、R_2 的实际关系为（　　　）。

A. $R_1 = 3R_2$　　B. $R_1 = 4R_2$　　C. $R_1 = 6R_2$　　D. $R_1 = 2R_2$

三、判断题

1. 三相变压器的额定电压指的是线电压。（　　　）

2. 三相变压器的额定电流指的是相电流。（　　　）

3. 互感器实质上是一个变压比或变流比大的特殊变压器，电流互感器运行于断路状态，电压互感器运行于短路状态的双绕组变压器。（　　　）

4. 干式变压器是指变压器的铁芯和绕组均不浸在绝缘液体中的变压器。（　　　）

四、简答题

1. 什么叫变压器的并联运行？变压器并联运行必须满足哪些条件？

2. 自耦变压器的结构特点是什么？使用自耦变压器的注意事项有哪些？

3. 电流互感器的作用是什么？能否在直流电路中使用？为什么？

4. 什么叫变压器的同名端？影响变压器同名端的因素有哪些？

五、计算题

1. 有一台单相变压器，原边电压 220V，原边绕组 $N_1 = 2500$ 匝，副边绕组 $N_2 = 1250$ 匝。（1）求副边电压 U_2？（2）如果为了节省铜线将原边 N_1 改为 50 匝，副边 N_2 改为 25 匝，这样做行吗？为什么？

2. 一台额定容量为 50kV·A、额定电压为 3000/400V 的变压器，原边绕组为 6000 匝，试求：（1）副边绕组匝数；（2）原、副绕组的额定电流。

3. 某晶体管收音机输出变压器的一次绕组匝数 $N_1 = 230$ 匝，二次绕组匝数 $N_2 = 80$ 匝，原来配有阻抗为 8Ω 的扬声器，现在要改接为 4Ω 的扬声器，问输出变压器二次绕组的匝数应如何变动（一次绕组匝数不变）？

4. 有一台三相变压器，$S_N = 500$kV·A，$U_{1N}/U_{2N} = 10.5$kV/6.3kV，Yd 联结，求一、二次绕组的额定电流。

项目3
交流电机的认知与运行控制

[项目导论]

　　三相异步电动机是指由三相交流电源供电，电动机的转速与交流电源产生的旋转磁场的转速不同步的电动机。与直流电动机相比，三相交流异步电动机具有结构简单、工作可靠、维护方便、价格便宜等优点，因此应用更为广泛。目前大部分生产机械如各种机床、起重设备、农业机械、鼓风机、泵类等均采用三相异步电动机来拖动。本项目主要介绍三相异步电动机的结构原理及其拖动。

[能力目标]

　　1. 能正确测量三相异步电动机的各种参数。

　　2. 能设计三相异步电动机的电气控制线路，并进行安装与调试。

　　3. 能排除三相异步电动机的电气控制线路常见故障。

[相关知识]

　　1. 三相异步电动机的基本结构、工作原理、铭牌数据。

　　2. 三相异步电动机的功率和转矩的关系。

　　3. 三相异步电动机的工作特性、机械特性。

　　4. 三相异步电动机的起动、调速、正反转和制动方法。

　　5. 单相异步电动机的结构、工作原理及其应用。

项目 3 导学

任务 3.1　三相异步电动机

　　交流电动机在现代各行各业以及日常生活中都有着广泛的应用。在工矿企业的电气传动生产设备中，三相异步电动机是所有电动机中应用最广泛的一种。

3.1.1　三相异步电动机的基本结构

二维码 3-1
三相异步电
动机结构

　　三相异步电动机的种类很多，按照其转子结构的不同，可分为笼型异步电动机和绕线型异步电动机；按照其外壳防护方式的不同，可分为开启型、防护型和封闭型三相异步电动机；按照尺寸的不同，可以分为大型、中型、小型三相异步电动机。常见的三相异步电动机的外形如图 3-1-1 所示。

　　虽然三相异步电动机的种类很多，但基本结构相同，都是由定子和转子两大部分组成，定子和转子之间有气隙。此外，三相异步电动机还有端盖、轴承、机座、风扇、风罩、接线盒、吊环等部件，如图 3-1-2 所示。

3.1.1.1　定子部分

　　定子部分包含机座、定子铁芯、定子绕组和端盖，主要用来产生旋转磁场。

(a) 三相笼型异步电动机   (b) 三相绕线型异步电动机

图 3-1-1 常见的三相异步电动机的外形

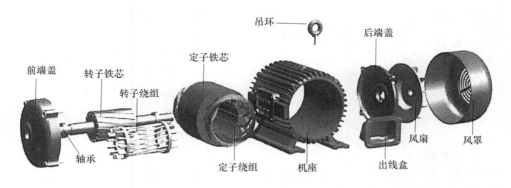

图 3-1-2 三相异步电动机的结构

（1）机座

机座一般由铸铁或铸钢浇铸成型，其主要作用是固定定子铁芯和定子绕组。

（2）定子铁芯

定子铁芯装在机座里，是异步电动机主磁通的一部分。它由 0.35～0.5mm 厚的硅钢片叠压而成，有良好的导磁性能，且表面涂有绝缘漆，能够减少交变磁通通过铁芯时引起的涡流损耗。定子铁芯的内圆上冲有均匀分布的槽口，槽内嵌放定子绕组，如图 3-1-3 所示。

常用定子铁芯的槽型有 3 种：开口型、半开口型和半闭口型，如图 3-1-4 所示。开口型的槽口宽度与槽宽相等，用以嵌放成型绕组，主要用在高压电动机中；半开口型的槽口宽度为槽宽的一半或者稍大一点，也可以嵌放成型绕组，一般用在大中型低压电动机中；半闭口型的槽口宽度小于槽宽的一半，故其绕组嵌线和绝缘处理比较困难，但电动机的效率和功率因数都很高，一般用在小型低压电动机中。

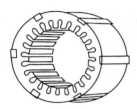

(a) 铁芯   (b) 铁芯冲片   (a) 开口型   (b) 半开口型   (c) 半闭口型

图 3-1-3 三相异步电动机的定子铁芯   图 3-1-4 三相异步电动机定子铁芯的槽型

（3）定子绕组

三相异步电动机有 3 个定子绕组嵌在铁芯槽里，当通入三相对称电流时，就会产生旋转的磁场，是异步电动机的电路部分。绕组的线圈由绝缘铜导线或者绝缘铝导线绕制而成，中小型异步电动机的三相绕组一般采用圆漆包线，大中型异步电动机则用较大截面积的漆包扁铜线或者绝缘包扁铜线绕制。

三相异步电动机的 3 个绕组是相互独立的，每个绕组为一相，在空间上相差120°，其结构完全对称，一般有 6 个出线端，即 U_1、U_2、V_1、V_2、W_1、W_2，出线端均接在接线盒内，根据需要可以接成星形（Y）或三角形（△）。图 3-1-5 画出了三相引出线在接线盒内的接法，以及接线柱上连接片的连接方式。

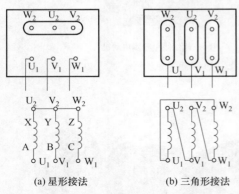

(a) 星形接法　　(b) 三角形接法

图 3-1-5　三相引出线在接线盒内的接法

（4）端盖

端盖由铸铁或铸钢浇铸而成，主要起防护作用。

3.1.1.2　转子部分

转子部分主要由转子铁芯和转子绕组构成，是电动机的旋转部件。

（1）转子铁芯

转子铁芯一般由 0.35～0.5mm 厚的硅钢片叠压而成，是电动机主磁通磁路的一部分，其外圆上也均匀分布着槽孔，用来安放转子绕组。一般小型异步电动机的转子铁芯直接套压在转轴上，大中型异步电动机的转子铁芯先套压在转子支架上，然后再套装在转轴上。

（2）转子绕组

转子绕组可以切割定子旋转磁场产生感应电动势及电流，并形成电磁转矩而使电动机旋转。根据绕组的形式不同，转子可分为两种：笼型转子和绕线型转子，三相笼型异步电动机和三相绕线型异步电动机的命名便由此而来。

笼型转子通常有铜排转子和铸铝转子两种结构形式。在转子铁芯的每个槽中放置没有绝缘的铜条，在铜条的两端用端环把铜条连接起来，形成一个笼子的形状，称为铜排转子，如图 3-1-6（a）所示。铜排转子适用于大型异步电动机。将转子的刀条和端环风扇的叶片用铝液浇铸在一起可形成铸铝转子，如图 3-1-6（b）所示。铸铝转子适用于中小型异步电动机。

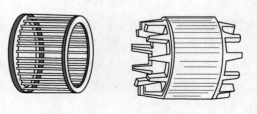

(a) 铜牌转子　　(b) 铸铝转子

图 3-1-6　三相笼型异步电动机的转子

绕线型转子的绕组同定子绕组类似，也是按一定规律分布的三相对称绕组，一般用星形联结。绕组的三相引出线分别接在转轴的 3 个滑环上，通过电刷装置引出，与外部电路的变阻器相连（变阻器也用星形联结），调节变阻器的阻值可以改变电动机的转速，从而改善电动机的运行性能。绕线型转子的结构如图 3-1-7 所示。

3.1.1.3　其他部分

（1）气隙

气隙是指定子与转子之间的空气间隙。三相异步电动机气隙的大小直接影响到电动机的性能。当气隙较大时，电动机的磁路的磁阻较大，所需的励磁电流（无功电流）也较大，导致电动机的功率因数较低。因此，为了提高功率因数，气隙应适当小一些。需要注意的是三

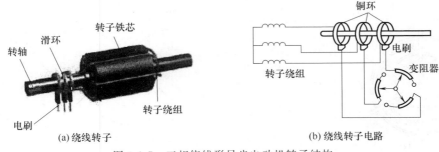

图 3-1-7　三相绕线形异步电动机转子结构

相异步电动机的气隙不应过小，否则会加大装配难度，使定、转子发生摩擦碰撞。在中小型异步电动机中，气隙一般在 0.2～1.5mm 之间。

（2）轴承

轴承用铸钢浇铸而成，是用来连接固定部分与转动部分，支持转轴转动的元件。轴承内一般装有润滑油。

（3）风扇和风罩

风扇一般用塑料制造，安装在转轴上，用来冷却电动机；风罩一般用铸铁制造，安装在风扇的外侧，用来保护风叶。

（4）接线盒

接线盒由铸铁浇铸而成，起保护与固定出线端子和定子绕组的作用。

（5）吊环

吊环用铸钢制造，一般安装在机座的上端，用来起吊和搬抬电动机。

3.1.2　三相异步电动机的工作原理

3.1.2.1　旋转磁场的产生

要使三相异步电动机转动，必须有一个旋转磁场，三相异步电动机的旋转磁场是如何产生的呢？

二维码 3-2
三相异步电动
机工作原理

三相异步电动机定子绕组是由三相组成，其各相绕组的首端分别用 U_1、V_1、W_1 表示，末端分别用 U_2、V_2、W_2 表示，连接示意图如图 3-1-8 所示。三相绕组 W_1W_2、U_1U_2、V_1V_2 在空间互差 120°，接成星形，通入三相对称电流，为分析问题方便，以 W 相电流初相为 0，此时可写出三相电流表达式

$$I_W = I_m \sin\omega t$$
$$I_U = I_m \sin(\omega t - 120°)$$
$$I_V = I_m \sin(\omega t + 120°)$$

其波形如图 3-1-9 所示。

绕组中电流的实际方向，可由对应瞬时电流的正负来确定。为此，我们规定，当电流为正时，其实际方向从首端流入，从末端流出；当电流为负时，其实际方向从末端流入，从首端流出。凡电流进入端标以 $\otimes$，流出端标以 $\odot$。三相绕组各自通入电流以后，将分别产生它们自己的交变磁场，也同时产生了"合成磁场"。下面选取三个瞬间，观察一下"合成磁场"的情况。

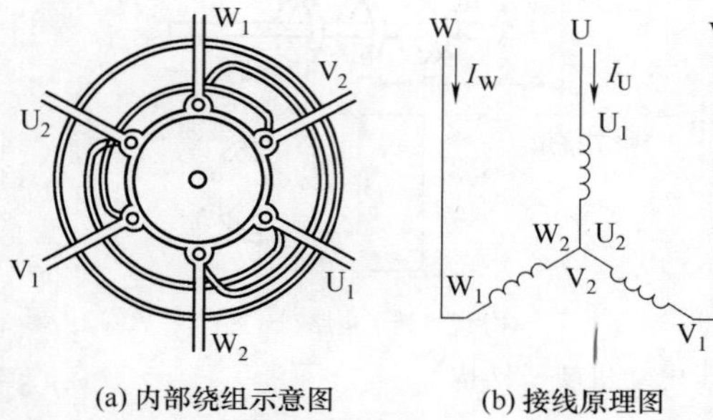

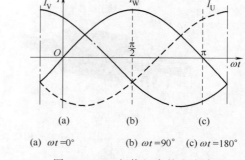

(a) 内部绕组示意图 (b) 接线原理图

图 3-1-8 三相异步电动机定子绕组连接示意图

(a) $\omega t = 0°$ (b) $\omega t = 90°$ (c) $\omega t = 180°$

图 3-1-9 三相绕组中的电流波形

① 当 $\omega t = 0$ 时，$I_W = 0$，绕组 W_1W_2 中没有电流；I_U 是负值，即 U_1U_2 绕组内的电流为负值，电流从末端 U_2 流入 $\otimes$，从首端 U_1 流出 $\odot$；I_V 为正值，电流从首端 V_1 流入 $\otimes$，从末端 V_2 流出 $\odot$，如图 3-1-10（a）所示。根据右手螺旋定则，可以描绘出此时的合成磁场，方向指向下方，即定子上方为 N 极，下方为 S 极。可见，用这种方式布置绕组，产生的是两极磁场，磁极对数 $p = 1$。

② 当 $\omega t = 90°$ 时，I_W 为正值，电流从首端 W_1 流入 $\otimes$，从末端 W_2 流出 $\odot$；I_U 为负值，电流从末端 U_2 流入 $\otimes$，从首端 U_1 流出 $\odot$，I_V 也是负值，电流从末端 V_2 流入 $\otimes$，从首端 V_1 流出 $\odot$，其合成磁场如图 3-1-10（b）所示。它按顺时针方向在空间转了 90°。

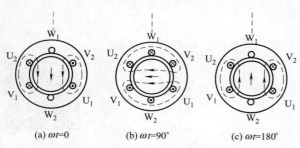

(a) $\omega t = 0$ (b) $\omega t = 90°$ (c) $\omega t = 180°$

图 3-1-10 两级定子绕组的合成磁场

③ 同理可以画出 $\omega t = 180°$ 时的合成磁场如图 3-1-10（c）所示。它又按顺时针方向在空间转了 90°。

由上述分析不难看出，对于图 3-1-10 所示的定子绕组，通入三相对称电流后，将产生磁极对数 $p = 1$ 的旋转磁场，且交流电若变化一个周期（360°电角），合成磁场也将在空间旋转一周（360°空间角）。图中只画 0°~180° 的变化情况，如果画完一个周期，合成磁场将再旋转半周。

3.1.2.2 旋转磁场的转速

根据上述分析，电流变化一周时，两极（$p = 1$）的旋转磁场在空间旋转一周，若电流的频率为 f_1，即电流每秒变化 f_1 周，旋转磁场的转速也为 f_1。通常转速是以每分钟的转数来计算的，若以 n_1 表示旋转磁场的转速（r/min），则 $n_1 = 60f_1$，对于四极（$p = 2$）旋转磁场，电流变化一周，合成磁场在空间只旋转了 180°（半周），故 $n_1 = 60f_1/2$。由上述二式可以推广到具有 p 对磁极的异步电动机，其旋转磁场的转速（r/min）为

$$n_1 = \frac{60f_1}{p} \tag{3-1-1}$$

由此可见，旋转磁场的转速 n_1 决定于电流的频率 f_1 和电动机磁极对数 p。我国的电源标准频率为 $f_1 = 50\,\text{Hz}$，因此不同磁极对数的电动机所对应的旋转磁场转速也不同，见表 3-1-1。旋转磁场的转速 n_1，也称为"同步转速"。

表 3-1-1　磁极对数与磁场转速

磁极对数	p	1	2	3	4	5	6
磁场转速	n_1/(r/min)	3000	1500	1000	750	600	500

3.1.2.3　转动原理

① 电生磁：当定子绕组接通对称三相电源后，绕组中便有三相电流通过，在空间产生了旋转磁场。

② 磁生电：当开始通电时，转子是静止的，但相对于顺时针旋转的磁场而言，转子导体相当于做逆时针旋转运动。转子导体自成闭合回路，根据电磁感应定律，转子导体上半部相当于向左切割旋转磁场的磁感线，在导体中产生感应电流，根据右手定则可判断感应电流的方向由纸面向外，转子导体下半部相当于向右切割磁感线，根据右手定则可判断产生的感应电流的方向由纸面向里，即电流从转子导体上半部流出，流入下半部。

③ 电磁力（矩）：根据电磁力定律可知，有电流流过的转子导体在磁场中会受到电磁力的作用，产生电磁转矩。电磁力的方向可以根据左手定则判定，转子上半部的受力方向为顺时针方向，下半部的受力方向也为顺时针方向，所以转子在电磁转矩的作用下沿顺时针方向旋转。三相异步电动机转动原理如图 3-1-11 中所示。

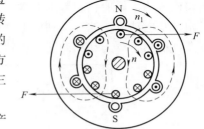

图 3-1-11　三相异步电动机转动原理

在三相异步电动机定子绕组中通入三相交流电后，产生旋转磁场，虽然转子的转动方向与旋转磁场的转动方向相同，但转子转速 n 不可能达到旋转磁场的同步转速 n_1。这是由于若两者相等，那么转子和旋转磁场之间就不存在相对运动，转子导体就不会切割磁感线而产生感应电流，也就不会受到磁场力的作用。电动机的转动方向是由旋转磁场的转动方向决定的，而旋转磁场的转动方向与三相交流电源的相序有关，因此，只要改变三相交流电源的相序就可以改变电动机的转动方向。

3.1.2.4　转差率的定义

由上述分析可以看出，旋转磁场的转速与转子转速之差对于三相异步电动机转子的转动起决定性作用。为此，引入转差率的概念来衡量转子转速与旋转磁场转速之间的关系。将旋转磁场的同步转速 n_1 与转子转速 n 之差称为转速差，用 Δn 表示，即 $\Delta n = n_1 - n$，转速差与旋转磁场的转速 n 之比称为转差率，用 s 表示，即：

$$s = \frac{n_1 - n}{n_1} = \frac{\Delta n}{n_1} \tag{3-1-2}$$

转差率 s 是描述异步电动机运行情况的一个重要物理量。在电动机起动瞬间，$n = 0$，这时 $s = 1$。理论上看，若转子以同步转速旋转（$n = n_1$），则 $s = 0$。由此可见，转差率 s 的变化范围在 $0 \sim 1$ 之间，随着转子转速的增高，转差率变小。电动机在额定状况运行时，一般转差率 s 在 $0.02 \sim 0.06$ 范围之内。

【例 3-1-1】　三组异步电动机旋转磁场的转速由什么决定？对于工频下的 2、4、6、8、10 极的三相异步电动机的同步转速为多少？

【解】　三相异步电动机旋转磁场的转速由电动机定子极对数 p 和交流电源频率 f_1 决定，具体公式为 $n_1 = 60 f_1 / p$。

对于工频下的 2、4、6、8、10 极的三相异步电动机的同步转速即旋转磁场的转速 n_1 分别为 3000r/min、1500r/min、1000r/min、750r/min、600r/min。

【例 3-1-2】 何谓三相异步电动机的转差率？额定转差率一般是多少？起动瞬间的转差率是多少？

【解】 三相异步电动机的转差率 s 是指电动机同步转速 n_1 与转子转速 n 之差即转速差 $n_1 - n$ 与旋转磁场（同步转速）的转速的比值，即 $s = (n_1 - n)/n_1$。

额定转差率 $s_N = 0.01 \sim 0.07$，起动瞬间 $s = 1$。

3.1.3　三相异步电动机的铭牌

电动机制造厂按照国家标准，根据电动机的设计和试验数据而规定的每台电动机的正常运行状态和条件，称为电动机的额定运行情况。如图 3-1-12 所示，电动机的铭牌用来表示电动机额定运行情况的各种参数。要正确使用电动机，必须看懂铭牌。下面以 Y112M-4 型电动机为例来说明铭牌数据的含义。Y 系列电动机是我国 20 世纪 80 年代设计的封闭型笼型三相异步电动机。这一系列的电动机高效、节能、起动转矩大、振动小、噪声低、运行安全可靠，适用于对起动和调速等无特殊要求的一般生产机械，如切削机床、鼓风机、水泵等。

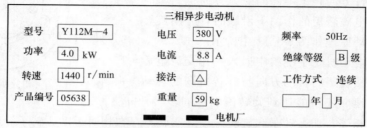

三相异步电动机		
型号　Y112M—4	电压　380 V	频率　　50Hz
功率　4.0 kW	电流　8.8 A	绝缘等级　B 级
转速　1440 r/min	接法　△	工作方式　连续
产品编号　05638	重量　59 kg	▆▆　▆▆　年　月
	电机厂	

图 3-1-12　三相异步电动机的铭牌

3.1.3.1　型号

Y 表示三相异步电动机（T 表示同步电动机）；112 是机座中心高度为 112mm；M 是机座长度规格（L 表示长机座，M 表示中机座规格，S 表示短机座）；4 表示旋转磁场为 4 极（$p = 2$）。

3.1.3.2　额定电压 U_N

指定子三相绕组规定应加的线电压值。

3.1.3.3　接法

指电动机定子绕组与交流电源的连接方法，分为星形联结和三角形联结。通常 3kW 以下的三相异步电动机定子绕组作星形联结，4kW 以上的三相异步电动机定子绕组作三角形联结。

3.1.3.4　额定功率 P_N

电动机在额定转速下长期持续工作时，电动机不过热，轴上所能输出的机械功率。

3.1.3.5　额定电流 I_N

电动机在额定电压和额定频率下，输出额定功率时定子绕组的线电流。

3.1.3.6　额定转速 n_N

电动机在额定电压、额定频率、额定负载下，电动机每分钟的转速。

3.1.3.7　额定频率

指加在电动机定子绕组上的允许频率，国产异步电动机的额定频率为 50Hz。

3.1.3.8 工作制

电动机运行的持续时间，分为连续、断续、短时工作制。

3.1.3.9 绝缘等级

电动机的绝缘等级是指其所用绝缘材料按其在正常运行条件下允许的最高工作温度分级。表 3-1-2 所示为绝缘材料耐热等级及极限工作温度。

表 3-1-2 绝缘等级与极限工作温度

绝缘等级	Y	A	E	B	F	H	C
工作极限温度/℃	90	105	120	130	155	180	>180

［实践操作 1］ 三相异步电动机的拆卸

1. 任务说明

通过小组讨论，进一步加深对三相异步电动机的认知。

2. 任务准备

由老师提供可打开的三相异步电动机实物，可参考图 3-1-13 所示三相异步电动机，然后进行以下工作。

3. 任务操作

① 将全班学生进行分组，每 6 人为一组，并选出小组负责人。

图 3-1-13 三相异步电动机实物参考图

② 每组分别对照实物（或图片）指出三相异步电动机的各个部件，并做简要的描述（如各部件的功能或作用原理）。

③ 分组讨论实际见过（或听过）的三相异步电动机的型号及应用场合。

④ 讨论结束后，小组长整理讨论结果，并交给老师。

任务 3.2 三相异步电动机的运行分析

3.2.1 三相异步电动机的功率和转矩的关系

如工作原理所述，异步电动机是通过电磁感应作用把电能传送到转子再转化为轴上输出的机械能的，而任何机械在实现能量的转换过程中总有损耗存在，异步电动机也一样，因此轴上输出的机械功率 P_2 总是小于其从电网输入的电功率 P_1。在能量变换的过程中电磁转矩起了关键性的作用。下面分析其功率关系和转矩关系，并推导出异步电动机的电磁转矩公式。

3.2.1.1 功率及效率

当三相异步电动机以转速 n 稳定运行时，定子绕组从电源输入的电功率 P_1 为

$$P_1 = \sqrt{3} U_1 I_1 \cos\varphi_1 \times 10^{-3} \tag{3-2-1}$$

P_1 的一小部分消耗于定子绕组铜损耗

$$P_{\mathrm{Cu1}}=3I_1^2R \qquad (3\text{-}2\text{-}2)$$

又一小部分消耗于定子铁芯中产生的铁耗

$$P_{\mathrm{Fe}}=3I_{\mathrm{m}}^2R_{\mathrm{m}} \qquad (3\text{-}2\text{-}3)$$

余下的大部分功率就是通过气隙旋转磁场，利用电磁感应作用传递到转子上的功率，叫做电磁功率，用 P_{em} 表示

$$P_{\mathrm{em}}=P_1-P_{\mathrm{Cu1}}-P_{\mathrm{Fe}} \qquad (3\text{-}2\text{-}4)$$

转子绕组感应电动势，产生电流，也会产生转子铜损耗 P_{Cu2}，电磁功率扣除转子铜损耗便是电机转轴上带动转子旋转的总机械功率 P_{MEC}，即

$$P_{\mathrm{MEC}}=P_{\mathrm{em}}-P_{\mathrm{Cu2}} \qquad (3\text{-}2\text{-}5)$$

而电动机在旋转中会产生机械摩擦损耗 P_{mec}、风的阻力及其他附加损耗 P_{ad}，因此转轴上的总机械功率 P_{MEC} 须扣除这些损耗后才是转轴上输出的机械功率，即

$$P_2=P_{\mathrm{MEC}}-P_{\mathrm{mec}}-P_{\mathrm{ad}} \qquad (3\text{-}2\text{-}6)$$

附加损耗与气隙大小和工艺因素有关，很难计算，一般根据经验选取。

对于大型异步电动机，$P_{\mathrm{ad}}=0.5P_{\mathrm{N}}$

对于小型异步电动机，$P_{\mathrm{ad}}=(1\sim3)\%P_{\mathrm{N}}$

一般把机械损耗和附加损耗统称为电动机的空载损耗，用 P_0 表示，于是

$$P_2=P_{\mathrm{MEC}}-P_0 \qquad (3\text{-}2\text{-}7)$$

式（3-2-4）～式（3-2-7）反映了异步电动机内部的功率流程和功率平衡关系。功率流程还可用图 3-2-1 所示的功率流程图表示更为清晰。由以上公式可得异步电动机的总的功率平衡方程式

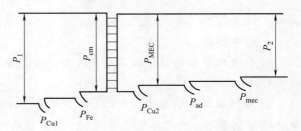

图 3-2-1　三相异步电动机的功率流程图

$$P_2=P_1-P_{\mathrm{Cu1}}-P_{\mathrm{Fe}}-P_{\mathrm{Cu2}}-P_{\mathrm{mec}}-P_{\mathrm{ad}}=P_1-\sum P \qquad (3\text{-}2\text{-}8)$$

式中，$\sum P=P_{\mathrm{Cu1}}+P_{\mathrm{Fe}}+P_{\mathrm{Cu2}}+P_{\mathrm{mec}}+P_{\mathrm{ad}}$ 为异步电动机的总损耗。

电动机的效率 η 等于输出功率 P_2 与输入功率 P_1 之比，即

$$\eta=\frac{P_2}{P_1}\times100\%=\frac{P_1-\sum P}{P_1}\times100\% \qquad (3\text{-}2\text{-}9)$$

异步电动机在空载运行及轻载运行时，由于定子与转子间气隙的存在，定子电流 I_1 仍有一定的数值（不像变压器空载运行时那样空载电流很小），因此电动机从电网输入的功率仍有一定的数值，而此时轴上输出的功率很小，使异步电动机在轻载时效率很低。另外，理论分析及实践都表明，异步电动机在轻载时功率因数也很低，因此在选择及使用电动机时必须注意电动机的额定功率应稍大于所拖动的负载实际功率，避免电动机额定功率比负载功率大得多的所谓"大马拉小车"现象。

【例 3-2-1】　Y2-132S-4 三相异步电动机输出功率 $P_2=5.5\mathrm{kW}$，$U=380\mathrm{V}$，电流 $I_1=11.7\mathrm{A}$，电动机功率因数 $\cos\varphi_1=0.83$，求输入功率 P_1 及效率 η。

【解】　由三相异步电动机功率公式可得

$$P_1 = \sqrt{3}\,U_1 I_1 \cos\varphi_1 \times 10^{-3} = \sqrt{3} \times 380 \times 11.7 \times 0.83 \times 10^{-3} = 6.39(\text{kW})$$

$$\eta = \frac{P_2}{P_1} \times 100\% = \frac{5.5}{6.39} \times 100\% = 86\%$$

3.2.1.2　转矩

由力学知识知道，旋转体的机械功率等于作用在旋转体上的转矩 T 与它的机械角速度 Ω 的乘积，即 $P = T \cdot \Omega$。将式（3-2-7）的两边同除以转子机械角速度 Ω，便得到稳态时异步电动机的转矩平衡方程式

$$\frac{P_{\text{MEC}}}{\Omega} = \frac{P_2}{\Omega} + \frac{P_0}{\Omega} \tag{3-2-10}$$

$$T_{\text{em}} = T_2 + T_0 \tag{3-2-11}$$

式中　$T_2 = \dfrac{P_2}{\Omega}$——电动机轴上输出的转矩；

$T_0 = \dfrac{P_0}{\Omega}$——机械损耗和附加损耗的转矩，叫作空载转矩；

$T_{\text{em}} = \dfrac{P_{\text{MEC}}}{\Omega}$——总机械功率的转矩，称为电磁转矩。

经化简可得到输出转矩和输出功率的常用计算公式：

$$T_2 = \frac{P_2}{\Omega} = \frac{P_2 \times 60}{2\pi n}(\text{kN} \cdot \text{m}) = \frac{1000 \times 60 \times P_2}{2\pi n}(\text{N} \cdot \text{m}) = 9550\,\frac{P_2}{n} \tag{3-2-12}$$

当电动机在额定状态下运行时，式（3-2-12）中的 T_2、P_2、n 分别为额定输出转矩（N·m）、额定输出功率（kW）、额定转速（r/min）。

【例 3-2-2】　有 Y160M-4 型及 Y180L-8 型三相异步电动机各一台，额定功率都是 $P_2 = 11\text{kW}$，前者额定转速为 1460r/min，后者额定转速为 730r/min，分别求它们的额定输出转矩 T_2。

【解】　Y160M-4 型三相异步电动机的额定输出转矩为

$$T_2 = 9550\,\frac{P_2}{n} = 9550\,\frac{11}{1460} = 71.95\text{N} \cdot \text{m}$$

Y180L-8 型三相异步电动机的额定输出转矩为

$$T_2 = 9550\,\frac{P_2}{n} = 9550\,\frac{11}{730} = 143.9\text{N} \cdot \text{m}$$

由此可见，输出功率相同的异步电动机如极数多，则转速就低，输出转矩就大；极数少转速高，则输出的转矩就小，在选用电动机时必须掌握这个规律。

3.2.2　三相异步电动机的工作特性

异步电动机的工作特性是指在额定电压和额定频率下，电动机的转速 n（或转差率 S）、电磁转矩 T_{em}（或输出转矩 T_2）、定子电流 I_1、效率 η 和功率因数 $\cos\varphi_1$ 与输出功率 P_2 之间的关系曲线，即 $U_1 = U_{\text{N}}$，$f_1 = f_{\text{N}}$ 时，n、T_{em}、I_1、η、$\cos\varphi_1 = f(P_2)$。工作特性可以通过电动机直接加负载试验得到；图 3-2-2 所示为三相异步电动机的工作特性曲线。下面分别加以说明。

3.2.2.1　转速特性 $n = f(P_2)$

因为 $n = (1-s)n_1$，电动机空载时，负载转矩小，转子转速 n 接近同步转速 n_1，s 很

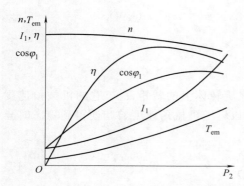

图 3-2-2　三相异步电动机的工作特性曲线

小。随着负载的增加，转速 n 略有下降，s 略微上升，这时转子感应电动势 E_2 增大，转子电流 I_2 增大，以产生更大的电磁转矩与负载转矩相平衡。因此，随着输出功率 P_2 的增加，转速特性是一条稍微下降的曲线，$s = f(P_2)$ 曲线则是稍微上翘的。一般异步电动机，额定负载时的转差率 $S_N = 0.01 \sim 0.05$，小数字对应于大电动机。

3.2.2.2　转矩特性 $T_{em} = f(P_2)$

$T_{em} = T_2 + T_0 = \dfrac{P_2}{\Omega} + T_0$，随着 P_2 增大，由于电动机转速 n 和角速度 Ω 变化很小，而空载转矩 T_0 又近似不变，所以 T_{em} 随 P_2 的增大而增大，近似直线关系，如图 3-2-2 所示。

3.2.2.3　定子电流特性 $I_1 = f(P_2)$

空载时，转子电流 $I_2 = 0$，定子电流几乎全部是励磁电流 I_0。随着负载的增大，转速下降，I_2 增大，相应 I_1 也增大，如图 3-2-2 所示。

3.2.2.4　效率特性 $\eta = f(P_2)$

根据定义，异步电动机的效率为 $\eta = \dfrac{P_2}{P_1} = 1 - \dfrac{\sum P}{P_2 + \sum P}$，异步电动机的损耗也可分为不变损耗和可变损耗两部分。电动机从空载到满载运行时，由于主磁通和转速变化很小，铁损耗 P_{Fe} 和机械损耗 P_{mec} 近似不变，称为不变损耗。而定子、转子铜损耗 P_{Cu1}、P_{Cu2} 和附加损耗 P_{ad} 是随负载而变的，称为可变损耗。空载时，$P_2 = 0$，随着 P_2 增加，可变损耗增加较慢，效率上升很快，直到当可变损耗等于不变损耗时，效率最高。若负载继续增大，铜损耗增加很快，效率反而下降。异步电动机的效率曲线与直流电动机和变压器的大致相同。对于中小型异步电动机，最高效率出现在 $0.75P_N$ 左右。一般电动机额定负载下的效率为 $74\% \sim 94\%$，容量越大的额定效率越高。

3.2.2.5　功率因数特性 $\cos\varphi_1 = f(P_2)$

异步电动机对电源来说，相当一个感性阻抗，因此其功率因数总是滞后的，运行时必须从电网吸取感性无功功率，$\cos\varphi_1 < 1$。空载时，定子电流几乎全部是无功的磁化电流，因此 $\cos\varphi_1$ 很低，通常小于 0.2；随着负载增加，定子电流中的有功分量增加，功率因数提高，在接近额定负载时，功率因数最高。负载再增大，由于转速降低，转差率 s 增大，转子功率因数角 $\varphi_2 = \arctan\dfrac{X_2}{R_2}$ 变大，使 $\cos\varphi_2$ 和 $\cos\varphi_1$ 又开始减小。

由于异步电动机的效率和功率因数都在额定负载附近达到最大值，因此选用电动机时应使电动机容量与负载相匹配。如果选得过小，电动机运行时过载，其温升过高影响寿命甚至损坏电动机。但也不能选得太大，否则，不仅电动机价格较高，而且电动机长期在低负载下运行，其效率和功率因数都较低，不经济。

3.2.3　三相异步电动机的机械特性

在电力拖动中，为了便于分析，常把 T-s 曲线（图 3-2-3）改画成 n-T 曲线，称为电动机的机械特性，它反映了电动机电磁转矩和转速之间的关系。转矩特性曲线 $T = f(S)$ 表示了电源电压一定时电磁转矩 T 与转差率 s 的关系。若把 $T\text{-}s$ 曲线中的横坐标 s 换算成转子的转速 n，并按顺时针方向转过 $90°$，即可看到异步电动机的机械特性曲线，即 $n=f(T)$ 曲线，如图 3-2-4 所示。

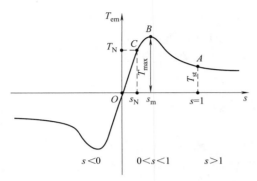

图 3-2-3　三相异步电动机的转矩特性曲线

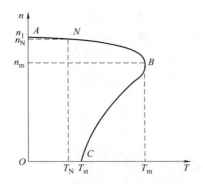

图 3-2-4　三相异步电动机的机械特性曲线

3.2.3.1　机械特性曲线分以下两个区段

AB 区段：在这个区段内，电动机的转速 n 较高，s 值较小。随着 n 的减小，电磁转矩随转子转速的下降而增大。

BC 区段：在这个区段内，电动机的转速 n 较低，s 值较大。随着 n 的减小，电磁转矩随转子转速的下降而减小。

电动机在接通电源刚被起动的一瞬间，$n=0$，$s=1$，此时的转矩称为起动转矩即图 3-2-4 中的 T_{st}。当起动转矩大于电动机轴上的负载转矩时，转子便旋转起来，并逐渐加速，电动机的电磁转矩沿着 $n\text{-}T$ 曲线的 $C\text{—}B$ 区段上升，经过最大转矩 T_m 后又沿着 $C\text{—}A$ 区段逐渐下降，直至 T 等于负载转矩 T_L 时，电动机就以某一转速等速旋转。由此可见，只要异步电动机的起动转矩大于轴上负载转矩，一经起动后，便立即进入机械特性曲线的 AB 区段稳定地运行。当电动机稳定工作在 AB 区段后，如果负载增大，此时电动机的转速将下降，电磁转矩要上升，从而与增加后的负载转矩保持在新的平衡点上。如果负载转矩的增加超过了最大转矩点，电动机的转速将急剧下降，直到 $n=0$ "停车" 为止。因此，电动机的工作区段都是在曲线的 AB 之间，称此段为稳定工作区，而 CB 区段则是不稳定区。

如前所述，异步电动机正常运行在特性曲线的 AB 区段，而这一区段几乎是一条稍微向下倾斜的直线，因此，电动机从空载到满载转速下降很少，这样的特性称为硬特性，一般金属切削机床就需要用这种机械特性 "硬" 的电动机来拖动。

综合以上分析，可得如下结论：

① 三相异步电动机具有硬的机械特性，负载的变化在工作区引起的转速变化很小。

② 三相异步电动机具有较大的过载能力。

3.2.2.2　三个重要转矩

机械特性曲线除包含上述两个区段外，还有三个特殊点，即 T_{st}、T、T_N 三个重要转矩点。

（1）额定转矩 T_N

T_N 是电动机的额定转矩，它是电动机轴上长期稳定输出转矩的最大允许值。电动机在额定电压下，以额定转速 n_N 运行，输出额定功率 P_N 时，其轴上输出的转矩称为额定转矩，即

$$T_N = 9550 \frac{P_N}{n_N} \tag{3-2-13}$$

（2）最大转矩 T_m

电动机转矩的最大值称为最大转矩。由前面的分析可知，T_N 应小于它的最大转矩 T_m，如果把额定转矩设计得很接近最大转矩，则电动机略为过载，便导致停车。为此，要求电动机应具备一定的过载能力。所谓过载能力，就是最大转矩与额定转矩的比值，因此又称电动机的过载系数。过载系数 λ_m 一般取 $1.6 \sim 1.8$。

$$\lambda_m = \frac{T_m}{T_N} \tag{3-2-14}$$

最大转矩是电动机能够提供的极限转矩，电动机运行中的机械负载不可超过最大转矩，否则电动机的转速将越来越低，很快导致堵转，使电动机过热，甚至烧毁。

（3）起动转矩 T_{st}

为了反映电动机起动性能，把它的起动转矩与额定转矩之比称为起动能力，即起动系数，用 λ_s 表示，起动系数 λ_s 一般为 $1.1 \sim 1.8$。

$$\lambda_s = \frac{T_{st}}{T_N} \tag{3-2-15}$$

【例 3-2-3】 已知一台三相 50Hz 绕线转子异步电动机，额定功率为 $P_N = 100kW$，额定转速 $n_N = 950r/min$，过载能力 $\lambda_m = 2.4$，求该电机的额定转矩和最大转矩。

【解】
$$T_N = 9550 \frac{P_N}{n_N} = 9550 \times \frac{100}{950} N \cdot m = 1005.3 (N \cdot m)$$
$$T_m = \lambda_m T_N = 2.4 \times 1005.3 N \cdot m = 2412.72 (N \cdot m)$$

任务 3.3　三相异步电动机的电力拖动

三相异步电动机具有结构简单、工作可靠、价格低廉、维护方便、效率较高、体积小、重量轻等一系列优点，因此被广泛应用在电力拖动系统中。掌握三相异步电动机的起动、反转、调速与制动方法，是三相异步电动机运行控制的核心内容。

3.3.1　三相异步电动机的起动

3.3.1.1　起动性能

电动机接通三相电源后开始起动，转速逐渐增高，一直到达稳定转速为止，这一过程称为起动过程。在生产过程中，电动机经常要起动、停车，其起动性能优劣对生产有很大的影响，所以，要考虑电动机起动性能，选择合适的起动方法至关重要。异步电动机的起动性能，包括起动电流、起动转矩、起动时间和起动设备的经济性、可靠性等，其中最主要的是起动电流和起动转矩。

电动机起动时，转差率 $s = 1$，旋转磁场以最大的相对转速切割绕组。此时转子的感应电动势最大，转子电流也最大，而定子绕组中便跟着出现了很大的起动电流 I_{st}，其值约为

额定电流 I_N 的 4~7 倍。

电动机的起动过程是非常短暂的，一般小型电动机的起动时间在 1s 以内，大型电动机的起动时间约为十几秒到几十秒。由于起动过程很短，同时在起动过程中电动机不断地加速，随着 s 的减小，E_2、I_2 和 I_1 均随之减小。这表明定子绕组中通过很大的起动电流的时间并不长，如果不是很频繁地起动，则不会使电动机过热而损坏。但过大的起动电流会使电源内部及供电线路上的电压降增大，以致使电网的电压下降，因而影响接在同一线路的其他负载的正常工作，例如，使附近照明灯亮度减弱，使邻近正在工作的异步电动机的转矩减小等。由此可见，电动机在起动时既要把起动电流限制在一定数值内，同时又要有足够大的起动转矩，以便缩短起动过程，提高生产率。下面分别来研究笼型异步电动机和绕线转子异步电动机的起动方法。

3.3.1.2　笼型异步电动机的起动

（1）直接起动

直接起动也称全压起动，这种方法是在定子绕组上直接加上额定电压来起动的，其电路如图 3-3-1 所示。如果电源的容量足够大，而电动机的额定功率又不太大（根据经验，电源容量一般应大于电动机容量的 25 倍），则电动机的起动电流在电源内部及供电线路上所引起的电压降较小，对邻近电气设备的影响也较小，此时便可采用直接起动。一般中小型机床上的电动机，其功率多数在 10kW 以下，通常都可采用直接起动。直接起动的优点是设备简单，操作便利，起动过程短，因此只要电网的情况允许，尽量采用直接起动。

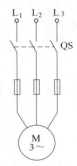

图 3-3-1　直接起动电路

（2）降压起动

这种方法是在起动时利用起动设备，使加在电动机定子绕组上的电压 U_1 降低，此时磁通 Φ 随 U_1 成正比地减小，其转子电动势 E_2、转子起动电流 I_{2st} 和定子电路的起动电流 I_{1st} 也随之减小。由于 $T_e \propto U_1^2$，所以在降压起动时，起动转矩也大大降低了。因此，这种方法仅适用于电动机在空载或轻载情况下的起动。常用的降压起动方法有下列几种。

① 定子电路串接电阻降压起动。这种起动电路如图 3-3-2 所示。起动时，先合上电源开关 QS_1，此时起动电流要在电阻 R 上产生电压降，故加到电动机两端的电压减小，使起动电流减小。待转速升高后，再合上开关 QS_2，把电阻 R 短接，使电动机在额定电压下工作。由于起动时电路的阻抗主要是感抗，而阻抗是电阻和感抗的"向量和"，所以在这种起动方法中需要串接较大的电阻才能得到一定的电压降，这样就消耗了大量电能。如在定子电路中串接电抗器，也可达到减小起动电流的目的，其起动电路与图 3-3-2 类似，故不赘述。

② Y-△降压起动。如果电动机在正常运转时作三角形联结（例如，电动机每相绕组的额定电压为 380V，而电力网的线电压也为 380V），则起动时先把它改接成星形，使加在绕组上的电压降低到额定值的 1/3，因而 I_{st} 减小。待电动机的转速升高后，再通过开关把它改接成三角形，使它在额定电压下运转。Y-△起动的电路如图 3-3-3 所示。利用这种方法起动时，其起动转矩只有直接起动的 1/3。Y-△起动的优点是起动设备的费用小，在起动过程中没有电能损失。

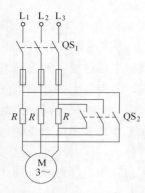

图 3-3-2 笼型异步电动机定子串电阻起动电路

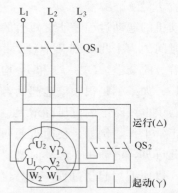

图 3-3-3 笼型异步电动机 Y-△ 起动电路

二维码 3-3
自耦变压器
降压起动

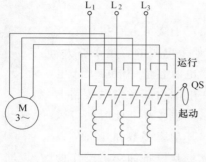

图 3-3-4 自耦变压器降压起动电路

③ 自耦变压器降压起动。如图 3-3-4 所示，把开关 QS 放在起动位置，使电动机的定子绕组接到自耦变压器的起动电路二次侧。此时加在定子绕组上的电压小于电网电压，从而减小了起动电流。等到电动机的转速升高后，再把开关 QS 从起动位置迅速扳到运行位置。电动机便直接和电网相接，而自耦变压器则与电网断开。

容量较大而且正常工作时作 Y 联结的笼型异步电动机采用自耦变压器降压起动。

3.3.1.3 绕线转子异步电动机的起动

（1）绕线转子串电阻起动

二维码 3-4
绕线式电动机
串电阻起动

绕线转子异步电动机是在转子电路中接入电阻来进行起动的，其电路如图 3-3-5 所示。起动前将起动变阻器调至最大值的位置，当接通定子上的电源开关，转子即开始慢速转动起来，随即把变阻器的电阻值逐渐减小到零位，使转子绕组直接连接，电动机就进入工作状态。电动机切断电源停转后，还应将起动变阻器转回到起动位置。

绕线转子异步电动机转子串入不同电阻时的机械特性如图 3-3-6 所示。从图中可以看出，转子回路串联电阻后，可以增加起动转矩，如果串入的电阻适当就可以使起动转矩等于最大转矩，以获得较好的起动性能，这很适合于要求满载起动工作机械（如起重机）。采用转子串电阻方法不仅能增大起动转矩，同时减小了起动时的转子电流，也就相应地减小了定子的起动电流，可谓一举两得。

尽管绕线转子异步电动机的起动性能较好，但笼型电动机由于具有构造简单、价格便宜、工作可靠等优点，所以在不需要大的起动转矩的生产机械时通常还是采用笼型电动机。

（2）绕线转子串频敏变阻器起动

要想获得更加平稳的起动特性，必须增加起动级数，这就会使设备复杂化。为此采用了转子上串频敏变阻器的起动方法。频敏变阻器是由厚钢板叠成铁芯并在铁芯柱上绕有线圈的电抗器，其结构示意如图 3-3-7 所示。它是一个铁损耗很大的三相电抗器，如果忽略绕组的电阻和漏抗时，其一相的等效电路如图 3-3-8 所示。频敏变阻器起动原理如图 3-3-9 所示。工作过程为：合上开关 Q，KM 闭合，电动机转子绕组接通电源电动机开始起动时，电动机转子转速很低，故转子频率较高，$f_2 \approx f_1$，频敏变阻器的铁损耗很大 r_m 和 X_m 均很大，且 $r_m > X_m$，因此限制了起动电流，增大了起动转矩。随着电动机转速的增大，转子电流频率减小，于是 r_m 随 n 减小，这就相当于起动过程中电阻的无级切除。当转速增大到接近于稳定值时，KM_2 闭合将频敏变阻器短接，起动过程结束。

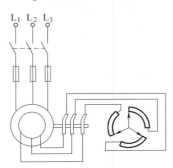

图 3-3-5　绕线式异步电动机转子串电阻起动电路

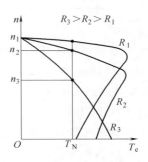

图 3-3-6　绕线式异步电动机转子串电阻机械特性

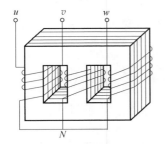

图 3-3-7　频敏变阻器结构示意

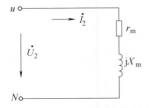

图 3-3-8　频敏变阻器一相等效电路

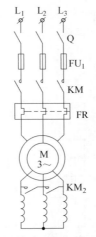

图 3-3-9　三相绕线型异步电动机串频敏
变阻器起动原理图

［实践操作 2］　三相异步电动机的起动

1. 任务说明

熟悉三相异步电动机的起动设备，掌握三相异步电动机的各种起动方法。

2. 任务准备

（1）预习要点

① 三相笼型异步电动机的起动方法。

② 三相绕线型异步电动机的起动方法。

（2）实操设备

本实操所需的设备见表 3-3-1。

序号	名称	数量	序号	名称	数量
1	三相笼型异步电动机	1台	6	Y-△转换开关	1件
2	三相绕线型异步电动机	1台	7	倒顺开关	1件
3	交流电流表	1件	8	三相电阻箱	1件
4	交流电压表	1件	9	转速表	1件
5	万用表	1件			

表 3-3-1　三相异步电动机的起动和反转实操设备

3. 任务操作

（1）三相笼型异步电动机的起动实验

① 直接起动（全压起动）。按图 3-3-10 接线，先闭合开关 QS_2，然后闭合电源开关 QS_1，读取瞬时起动电流数值，记录于表 3-3-2 中。

② 定子串电阻降压起动。仍按图 3-3-10 接线，断开开关 QS_2，定子回路串入对称电阻起动，并测量不同电阻值时的起动电流，记录于表 3-3-2 中。待电动机转速稳定后，将开关 QS_2 闭合，电动机正常运行。

③ Y-△降压起动

按图 3-3-11 接线，先将开关 QS_2 向下闭合，定子绕组接为星形，然后闭合电源开关 QS_1，读取起动电流数值，记录于表 3-3-2 中，待电动机转速稳定后，将开关 QS_2 迅速向上闭合，定子绕组接成三角形转入正常运行。

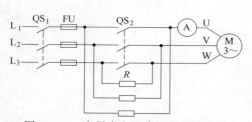

图 3-3-10　定子串电阻降压起动接线图

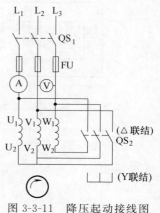

图 3-3-11　降压起动接线图

表 3-3-2　三相笼型异步电动机各种起动方法的起动电流

起动条件	直接起动	定子串电阻降压起动			Y-△降压起动	
		$R=$	$R=$	$R=$	Y 联结	△联结
起动电流						

（2）三相绕线型异步电动机的起动实验

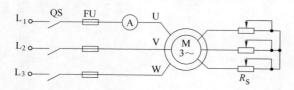

图 3-3-12　绕线型异步电动机转子串电阻起动接线图

① 转子串电阻起动。按图 3-3-12 接线，先将起动变阻器手柄置于阻值最大位置，然后接通电源，起动电动机，读取起动电流数值，记录于表 3-3-3 中，缓慢转动起动变阻器手柄逐渐减小起动电阻，直至起动变阻器被切除，电动机进入稳定运行。

表 3-3-3　　绕线型异步电动机实验数据

R_S 的阻值	$R_S=$	$R_S=$	$R_S=$	$R_S=$
起动电流/A				
转速/(r/min)				

② 转子串频敏变阻器起动。按图 3-3-13 接线，将双向开关置于"起动"位置，接通电源起动电动机，观察起动电流的大小及变化情况。当电动机转速接近额定转速时，将双向开关置于"运行"位置，切除频敏变阻器。

（3）注意事项

① 三相异步电动机降压起动应在空载或轻载的状态下进行。

② 三相绕线型异步电动机串电阻调速时，要带一定大小的负载。

（4）实验报告

① 比较三相异步电动机不同起动方法的特点和优缺点。

② 分析三相绕线型异步电动机串频敏变阻器起动能实现自动变阻，使电动机平稳起动的原因。

③ 分析三相绕线型异步电动机串电阻调速时要带一定大小的负载的原因。

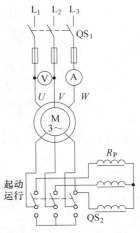

图 3-3-13　转子串频敏变阻器起动接线图

3.3.2　三相异步电动机的反转

生产实践中，有很多情况需要电动机能进行正反两方向的运动，如夹具的夹紧与松开、升降机的提升与下降等。要改变电动机的转向，只需将定子三相绕组接到电源的三条导线中的任意两条对调即可。常用两种控制方式：一种是利用组合开关（或倒顺开关）改变相序，另一种是利用接触器的主触点改变相序。前者主要适用于不需要频繁正、反转的电动机，而后者则主要适用于需要频繁正、反转的电动机。

图 3-3-14 是实现三相异步电动机正反转手动控制电路图。该电路使用一只三刀双掷开关 QS。电路原理为：如果把开关 QS 合向上方位置，电动机正转。断开开关 QS，电动机停车。再把开关 QS 合向下方位置，由于电源线 U 和 V 对调，改变了通入定子绕组电流的相序，电动机反转。图中使用的是笼型转子三相异步电动机的国家标准图形符号。

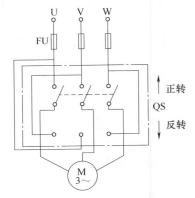

图 3-3-14　三相异步电动机正反转控制电路

［实践操作 3］　三相异步电动机正反转演示

1. 任务说明

通过改变三相电源任意两相的相序，即改变电机旋转磁场的旋转方向，从而使电动机转向发生改变。

二维码 3-5
三相异步电动机
正反转演示

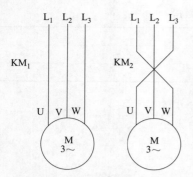

图 3-3-15　三相异步电动机
正反转接线原理图

2.任务准备

（1）原理说明

三相异步电动机的旋转方向是取决于磁场的旋转方向，而磁场的旋转方向又取决于电源的相序，所以电源的相序决定了电动机的旋转方向，任意改变电源的相序时，电动机的旋转方向也会随之改变，如图 3-3-15 所示。

（2）实验设备

本实验所需的设备见表 3-3-4。

3.任务操作

（1）操作步骤

① 在连接控制线路实验前，应先熟悉各按钮开关、交流接触器、空气开关的结构形式、动作原理及接线方式和方法。

表 3-3-4　三相异步电动机的正反转演示实验设备

序号	名称	型号与规格	数量	备注
1	空气开关 QS		1	
2	按钮开关 SB		3	
3	交流接触器 KM		2	
4	导线		若干	
5	三相异步电动机	WDJ26	1	
6	热继电器		1	
7	端子排		1	

② 在不通电的情况下，用万用表检测各触点的分合情况是否良好，检查接触器时，特别需要检查接触器线圈电压与电源电压是否相符。

③ 将电器元件摆放整齐均匀，紧凑合理，并用螺丝进行安装，紧固各元器件时要用力均匀。

④ 把实验所用元器件按照图 3-3-16 接线，经指导教师检查后方可通电进行实验。

⑤ 闭合空气开关 QS，演示电机的正反向的运动：

当按下正转（SB$_1$）按钮，交流接触器 KM$_1$ 的线圈得电并自锁，三对主触点闭合接通，三相电源的相序按 U—V—W 接入电动机，使电机正转；

当按下停止（SB$_3$）按钮，交流接触器 KM$_1$ 的线圈失电，三对主触点断开，电机停止转动；

当按下反转（SB$_2$）按钮，交流接触器 KM$_2$ 的线圈得电并自锁，三对主触点闭合接通，三相电源的相序按 W—V—U 接入电动机，使电机向相反方向转动（反转）。

⑥ 断开空气开关 QS，实验演示完毕。

（2）注意事项

确保两个接触器 KM$_1$、KM$_2$ 线圈不能同时得电，否则会发生严重的相间短路故障。

（3）实验报告

根据实验要求，任意调换三相电源的相序，从而得出三相异步电动机旋转方向改变的结论。

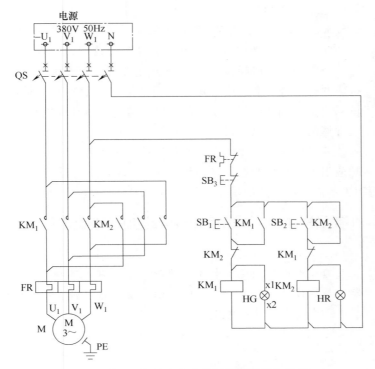

图 3-3-16　三相异步电动机正反转控制电路图

3.3.3　三相异步电动机的调速

有些生产机械在工作中需要调速，例如，金属切削机床需要按被加工金属的种类、切屑工具的性质等来调节转速。此外，像起重运输机械在快要停车时，应降低转速，以保证工作的安全。用人为的方法，在同一负载下使电动机的转速从某一数值改变为另一数值，以满足工作的需要，这种情况称为调速。

由转差率 $s=\dfrac{n_1-n}{n_1}$ 可知，电动机的转速 n 与同步转速 n_1 之间的关系为

$$n=(1-s)n_1=(1-s)\frac{60f_1}{p} \tag{3-3-1}$$

因此，可以通过改变电源频率 f、转差率 s 和磁极对数 p 来调节异步电动机的转速。

3.3.3.1　改变电源频率 f_1

电网的交流电频率为 50Hz，因此用改变 f_1 的方法来调速，就必须有专门的变频设备，以便对电动机的定子绕组供给不同频率的交流电。起初由于变频设备相当复杂，且费用较大，所以，仅在少数有特殊需要的地方（例如有些纺织机械上）采用这种调速方法。目前，由于变频技术的发展，变频调速的应用已日益广泛。异步电动机变频调速具有调速范围广、调速平滑性能好、机械特性较硬的优点，可以方便地实现恒转矩或恒功率调速，整个调速特性与直流电动机调压调速和弱磁调速十分相似。

3.3.3.2　改变转差率 s

改变转子绕组的电阻 R_2，可以实现改变转差率调速，也就是说在绕线转子异步电动机

的转子电路中，接入一个调速变阻器（起动变阻器不可代用），便可用它来进行调速。

3.3.3.3　改变定子绕组的磁极对数 p

二维码 3-6
双速电机调
速控制

定子磁场的极对数取决于定子绕组的结构。所以，要改变 p，必须将定子绕组制为可以换接成两种磁极对数的特殊形式。通常一套绕组只能换接成两种磁极对数。由于定子绕组的磁极对数只能成对地改变，所以转速也只能整倍数来调节。绕组的磁极对数可以改变的电动机称为多速电动机，最常见的是双速电动机。

变极调速的主要优点是设备简单、操作方便、机械特性较硬、效率高，既适用于恒转矩调速，又适用于恒功率调速。其缺点是有极调速，且极数有限，因而只适用于不需平滑调速的场合。

二维码 3-7
三相异步电动机
的变频调速

［实践操作 4］　三相异步电动机的变频调速

1. 任务说明

通过连续地改变供电电源的频率，就可以连续平滑地调节电动机的转速。系统设计要求为能够实现三相异步电动机如下工作状态的控制：正转；加速；减速；反转；停止。

2. 任务准备

（1）原理说明

由转速 $n=60f(1-s)/p$ 可知异步电动机调速有变极调速、变转差率调速和变频调速。

当极对数 p 不变时，电动机转子转速与定子电源频率成正比，因此，连续地改变供电电源的频率，就可以连续平滑地调节电动机的转速。对于异步电动机的调速系统，变频调速应列为重点的研究对象，改变频率调速，优点多，调速特性良好。

（2）实验设备

本实验所需的设备见表 3-3-5。

表 3-3-5　三相异步电动机的变频调速实操设备

序号	名称	型号与规格	数量	备注
1	变频器	西门子 MM420	1	
2	三相异步电动机	WDJ26	1	
3	空气开关		1	
4	导线		若干	
5	负载（电阻）	100Ω	1	

3. 任务操作

（1）操作步骤

① 把三相异步电动机、变频器、空气开关按照图 3-3-17 接线，经指导教师检查后方可进行实验。

② 合上电源开关，按照图 3-3-18 和图 3-3-19 来调试变频器参数。

③ 按下绿色（RUN）按钮起动电动机。

④ 按下 "UP" 按钮，电动机旋转，逐渐增加频率到 50Hz，电动机速度在增加。

⑤ 当变频器达到 50Hz 时，按下 "DOWN" 按钮，电动机速度和频率显示值减少。

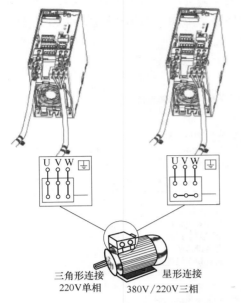

图 3-3-17　三相异步电动机、变频器、接线示意图

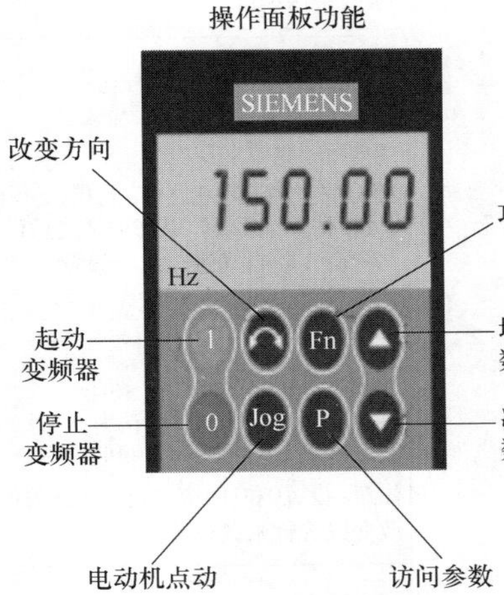

图 3-3-18　变频器操作面板

⑥ 利用按钮改变旋转方向。

⑦ 红色按钮停止电动机。

综上步骤依次实现三相异步电动机：正转—加速—减速—反转—停止工作状态。

（2）注意事项

连接电动机时，使用屏蔽或有防护的连接线，并用电缆夹将屏蔽层的两端接地。

（3）实验报告

根据实验内容，自拟数据表格，绘出三相异步电动机变频机械特性曲线。

3.3.4　三相异步电动机的制动

当电动机与电源断开后，由于电动机的转动部分有惯性，所以电动机仍继续转动，要经过一段时间才能停转。但在生产过程中，经常需要采取一些措施使电动机尽快停转，或者从某高速降到某低速运转，以提高生产率，为此，需要对电动机进行制动。制动的方法主要有机械制动和电气制动两种。

机械制动是采用机械抱闸制动。

电气制动是用电气的办法，使电动机产生一个与转子原转动方向相反的力矩迫使电动机迅速制动而停转的方法，此时电动机由轴上吸收机械能，并转换成电能。常用的电气制动方法有能耗制动、反接制动和回馈制动。

3.3.4.1　能耗制动

图 3-3-20（a）中，将运行着的三相异步电动机的定子绕组从三相交流电源上断开后，立即接到直流电源上，用断开 QS，闭合 SA 来实现。于是在电动机内便产生一个恒定的不旋转磁场如图 3-3-20（b）所示。此时转子由于机械惯性继续旋转，因而转子导线切割磁力线，产生感应电动势和电

二维码 3-8
三相异步电
机机械制动
控制原理

二维码 3-9
三相异步电动
机能耗制动

流。载有电流的导体在恒定磁场的作用下，受到制动力，产生制动转矩，使转子转动迅速停止。这种制动方法就是把电动机轴上的旋转动能转变为电能，消耗在制动电阻上，故称为能耗制动。

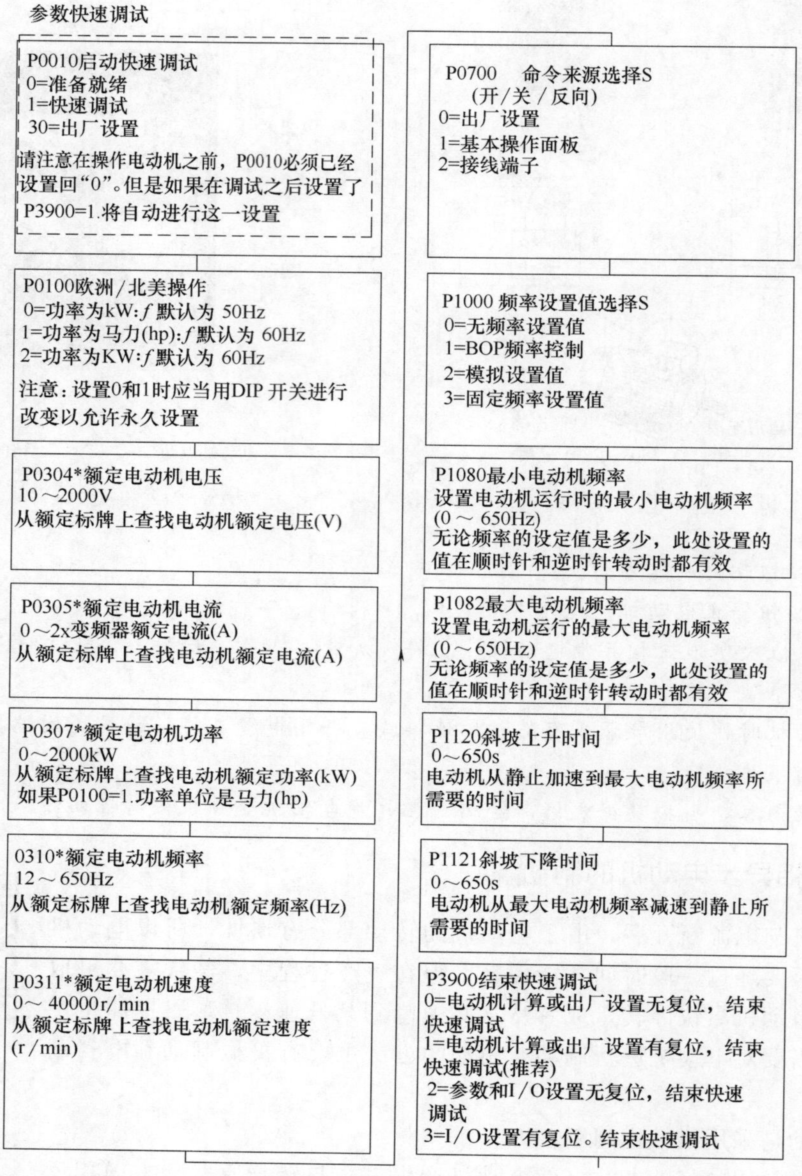

参数快速调试

P0010启动快速调试
0=准备就绪
1=快速调试
30=出厂设置
请注意在操作电动机之前，P0010必须已经设置回"0"。但是如果在调试之后设置了P3900=1.将自动进行这一设置

P0700　命令来源选择S
（开/关/反向）
0=出厂设置
1=基本操作面板
2=接线端子

P0100欧洲/北美操作
0=功率为kW：f默认为50Hz
1=功率为马力(hp)：f默认为60Hz
2=功率为KW：f默认为60Hz

注意：设置0和1时应当用DIP开关进行改变以允许永久设置

P1000 频率设置值选择S
0=无频率设置值
1=BOP频率控制
2=模拟设置值
3=固定频率设置值

P0304*额定电动机电压
10～2000V
从额定标牌上查找电动机额定电压(V)

P1080最小电动机频率
设置电动机运行时的最小电动机频率
(0～650Hz)
无论频率的设定值是多少，此处设置的值在顺时针和逆时针转动时都有效

P0305*额定电动机电流
0～2x变频器额定电流(A)
从额定标牌上查找电动机额定电流(A)

P1082最大电动机频率
设置电动机运行的最大电动机频率
(0～650Hz)
无论频率的设定值是多少，此处设置的值在顺时针和逆时针转动时都有效

P0307*额定电动机功率
0～2000kW
从额定标牌上查找电动机额定功率(kW)
如果P0100=1.功率单位是马力(hp)

P1120斜坡上升时间
0～650s
电动机从静止加速到最大电动机频率所需要的时间

0310*额定电动机频率
12～650Hz
从额定标牌上查找电动机额定频率(Hz)

P1121斜坡下降时间
0～650s
电动机从最大电动机频率减速到静止所需要的时间

P0311*额定电动机速度
0～40000r/min
从额定标牌上查找电动机额定速度(r/min)

P3900结束快速调试
0=电动机计算或出厂设置无复位，结束快速调试
1=电动机计算或出厂设置有复位，结束快速调试(推荐)
2=参数和I/O设置无复位，结束快速调试
3=I/O设置有复位。结束快速调试

图 3-3-19　变频器快速调试参数

能耗制动的优点是：制动力较强且平稳，无冲击；缺点是：需要直流电源，在电动机功率较大时直流制动设备价格较贵，低速时制动转矩较小。

3.3.4.2　反接制动

（1）定子两相电源反接制动

定子两相电源反接的反接制动电路如图 3-3-21（a）所示。在电动机需由运行状态进入制动时，将开关 S 由上方位置扳向下方位置，由于电源的换相，旋转磁场便反向旋转，转子

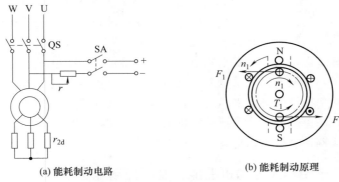

(a) 能耗制动电路   **(b) 能耗制动原理**

图 3-3-20 三相异步电动机能耗制动

绕组中的感应电动势及电流的方向也都
随之改变，如图 3-3-21（b）所示。此时
转子所产生的转矩，其方向与转子的旋
转方向相反，故为制动转矩。在制动转
矩的作用下，电动机的转速很快地下降
到零。当电动机的转速接近于零时，应
立即切断电源，以免电动机反向旋转。

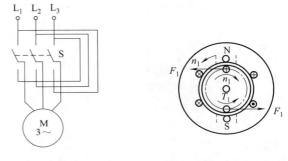

　　反接制动的优点是：制动力强，制
动迅速，无需直流电源；缺点是：制动
过程中冲击强烈，易损坏传动零件，频
繁地反接制动，会使电动机过热而损坏。

(a) 电源反接制动电路图   **(b) 电源反接制动原理图**

图 3-3-21 三相异步电动机反接制动

　　（2）倒拉反接制动

　　倒拉反接制动电路如图 3-3-22 所示。三相异步电动机转子串接较大电阻接通电源，起
动转矩方向与重物 G 产生的负载转矩的方向相反，而且 $T_{st}<T_L$，在重物 G 的作用下，迫
使电动机反 T_{st} 的方向旋转，并在重物下放的方向加速。

3.3.4.3 回馈制动

　　当三相异步电动机因某种外因，如在位能负载作用下（图 3-3-23 中为重物的作用），使
转速 n 高于同步转速 n_1，即 $n>n_1$ 时，$s<0$，转子感应电动势 E_2 反向，此时异步电动机将
机械能转变成电能反送回电网，这种制动称为再生制动，或称为回馈制动。

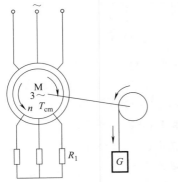

图 3-3-22 三相异步电动机倒拉反接制动电路

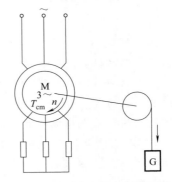

图 3-3-23 三相异步电动机回馈制动电路

由图 3-3-23 可知，当异步电动机拖动位能性负载下放重物时，若负载转矩 T_L 不变，转子所串电阻越大，转速越高。为了避免因转速高而损坏电动机，在回馈制动时，转子回路中不串电阻。

回馈制动时，异步电动机处于发电状态，不过如果定子不接电网，电动机不能从电网吸取无功电流建立磁场，就发不出有功电能。这时，如在异步电动机三相定子出线端并联上三相电容器提供无功功率即可发出电来，这便是所谓自励式异步发电机。

回馈制动常用于高速且要求匀速下放重物的场合。实际上，除了下放重物时产生回馈制动外，在变极或变频调速过程中，也会产生回馈制动。

[实践操作 5] 三相异步电动机的能耗制动控制电路装调

1. 任务说明

学习三相笼型异步电动机能耗制动的方法，观察其制动效果。

2. 任务准备

（1）原理说明

三相异步电动机的制动是指给电动机轴上加一个与转动方向相反的转矩使电动机停转或保持一定的转速旋转，可分机械制动和电气制动两大类，本技能训练选电气制动中使用较广泛的能耗制动。能耗制动即是在三相异步电动机从交流电网上切除后，给定子绕组加直流电，产生直流磁场，使转子绕组所产生的电磁转矩方向与其旋转方向相反，从而使转子较快地停转。

（2）实验设备

本实验所需的设备见表 3-3-6。

表 3-3-6 三相异步电动机的能耗制动仪器与设备

序号	名称	型号与规格	数量	备注
1	三相笼型异步电动机	Y2-112M-4	1 台	
2	三刀双投闸刀开关		1 个	
3	钳形电流表 1 只		1 只	
4	直流电流表	0～5A	1 只	
5	直流电源	0～110V、5A	1 套	
6	双刀开关		1 个	
7	可变电阻	0～20Ω，300V	1 个	

3. 任务操作

（1）操作步骤

三相异步电动机的能耗制动。如图 3-3-24 所示，当开关 QS_1 及 QS_2 同上合闸时，处于运行状态。需制动时，首先将 QS_2 向下合到制动位，由直流电源供电的直流电流经过 QS_3 开关加到电动机的 V、W 两相绕组上，电动机即处于能耗制动状态而制动。

在技能训练前首先应调节直流制动电流的大小，即将 QS_1 断开，QS_2 向下合闸，合上 QS_3，调节输入直流电压 U 及电阻 R_p，使制动电流（在电流表中读出）约为电动机额定线电流的 $50\% \sim 60\%$。调节好后即保持该电流值不动，断开 QS_3。在需进行能耗制动时，只需合上 QS_3 即可。

记录：电动机制动电流为_____A。电动机制动所需时间（从 QS_2 由运行位倒向制动位，从加上直流制动电流起，到电动机停转所需的时间）约_____s。电动机自然停转所需的时间约_____s。

减小直流制动电流，电动机制动所需时间约_____s；增大直流制动电流，电动机制动所需时间约_____s。

（2）注意事项

① 进行能耗制动时，由运行向制动过渡的操作时间也应尽量快。另外，制动前调节直流制动电流的时间要尽量快。

② 手柄合闸及分闸时应随时观察电动机的转动情况，发现异常应立即切断电源。

③ 注意人身及设备的安全。

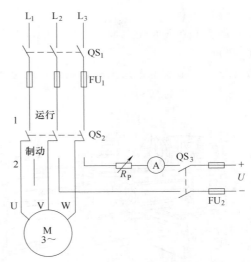

图 3-3-24　三相异步电动机能耗制动控制电路

［实践操作 6］　异步电动机的工业实践应用——车床

1. 实践内容

C6140 车床电气控制线路运行分析与调试。

2. 主要设备工具

（1）电气元件

电气控制线路电气元件明细见表 3-3-7。

表 3-3-7　电气控制线路电气元件明细

代号	名称	型号	数量
QS	断路器	DZ108-20/10-F	1
$FU_1 \sim FU_5$	熔断器	RT18-32-3P	3
$KM_1 \sim KM_3$	交流接触器	LC1-D0610M5N	3
FR_1,FR_2	热继电器	JRSID -25/Z(0.63-1A)	2
	热继电器座	JRSID -25 座	2
SB_1	按钮开关	Φ22-LAY16-AR11（红）	1
SB_2	按钮开关	Φ22-LAY16-AG11（绿）	1
SB_3	按钮开关	Φ22-LAY16-AB11（黑）	1
SA_1,SA_2	旋钮开关	Φ22-LAY16-DB11	2
HL_1	信号灯	XDJ2/AC220VY（黄）	1
HL_2	信号灯	XDJ2/AC220VY（黄）	1
HL_3	信号灯	XDJ2/AC220VR（红）	1
$M_1 \sim M_3$	三相笼型异步电动机	380V/△	3

（2）工具

测电笔、螺丝刀、尖嘴钳、斜口钳、剥线钳、电工刀等。

（3）仪表

ZC7（500V）型兆欧表、DT-9700 型钳形电流表，MF500 型万用表（或数字式万用表 DT980）。

3．CA6140 型车床主要结构及运行方式

（1）车床的结构

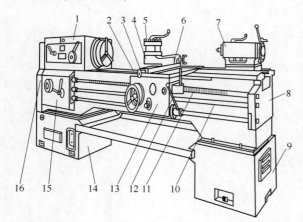

图 3-3-25   CA6140 型普通车床示意图

1—主轴箱；2—纵溜板；3—横溜板；4—转盘；5—方刀架；
6—小溜板；7—尾架；8—床身；9—右床座；10—光杠；
11—丝杠；12—操纵手柄；13—溜板箱；14—左床座；
15—进给箱；16—挂轮箱

CA6140 型普通车床结构如图 3-3-25 所示，主要由床身、主轴箱、进给箱、溜板箱、刀架、丝杠、光杠、尾架等部分组成。

（2）车床的运动形式

车床的运动形式有切削运动和辅助运动，切削运动包括工件的旋转运动（主运动）和刀具的直线进给运动（进给运动），除此之外的其他运动皆为辅助运动。

（3）主运动

主运动是指主轴通过卡盘带动工件旋转，主轴的旋轴是由主轴电机经传动机构拖动。根据工件材料性质、车刀材料及几何形状、工件直径、加工方式及冷却条件的不同，要求主轴有不同的切削速度，另外，为了加工螺纹，还要求主轴能够正反转。

主轴的变速是由主轴电动机经 V 带传递到主轴变速箱实现的，CA6140 型普通车床的主轴正转速度有 24 种（10～1400r/min），反转速度有 12 种（14～1580r/min）。

① 进给运动。车床的进给运动是刀架带动刀具纵向或横向直线运动，溜板箱把丝杠或光杠的转动传递给刀架部分，变换溜板箱外的手柄位置，经刀架部分使车刀做纵向或横向进给。刀架的进给运动也是由主轴电机拖动的，其运动方式有手动和自动两种。

② 辅助运动指刀架的快速移动、尾座的移动以及工件的夹紧与放松等。

4．电力拖动的特点及控制要求

① 主轴电机一般选用三相笼型异步电动机。为满足螺纹加工要求，主运动和进给运动采用同一台电机拖动，为满足调速要求，只用机械调速，不进行电气调速。

② 主轴要能够正反转，以满足螺纹加工要求。

③ 主轴电机的起动、停止采用按钮操作。

④ 溜板箱的快速移动，应由单独地快速移动电动机来拖动并采用点动控制。

⑤ 为防止切削过程中刀具和工件温度过高，需要用切削液进行冷却，因此要配有冷却泵。

⑥ 电路必须有过载、短路、欠压、失压保护。

5．电气控制线路分析

CA6140 普通车床的电气控制电路图如图 3-3-26 所示。

（1）识读机床电路图的一般方法和步骤

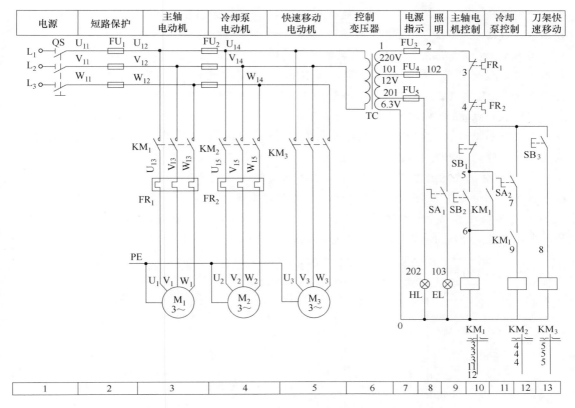

图 3-3-26　CA6140 普通电气控制电路图

识读电路图一般先看标题栏，了解电路图的名称及标题栏中有关内容，对电路图有个初步认识。其次看主电路，了解主电路控制的电动机有几台。最后看控制电路，了解用什么方法来控制电动机，与主电路如何配合，属于哪一种典型电路。

（2）电路分析

① 主轴电动机控制。主电路中的 M_1 为主轴电动机。按下起动按钮 SB_2、KM_1 得电吸合，辅助触点 KM_1（5—6）闭合自锁，KM_1 主触头闭合，主轴电机 M_1 起动，同时辅助触点 KM_1（7—9）闭合，为冷却泵起动做好准备。

② 冷却泵控制。主电路中的 M_2 为冷却泵电动机。在主轴电机起动后，KM_1（7—9）闭合，将开关 SA_2 闭合，KM_2 吸合，冷却泵电动机起动，将 SA_2 断开，冷却泵停止，将主轴电机停止，冷却泵也自动停止。

③ 刀架快速移动控制。刀架快速移动电机 M_3 采用点动控制，按下 SB_3，KM_3 吸合，其主触头闭合，快速移动电机 M_3 起动，松开 SB_3，KM_3 释放，电动机 M_3 停止。

④ 照明和信号灯电路。接通电源，控制变压器输出电压，HL 直接得电发光，作为电源信号灯。EL 为照明灯，将开关 SA_1 闭合，EL 亮，将 SA_1 断开，EL 灭。

6. CA6140 车床常见电气故障检修

（1）主轴电机不能起动

如图 3-3-27 所示，检查接触器 KM_1 是否吸合，如果接触器 KM_1 不吸合，首先观察电源指示是否亮，若电源指示亮，然后检查 KM_3 是否能吸合，若 KM_3 能吸合则说明 KM_1 和

KM_3 的公共电路总部分（1—2—3—4）正常，故障范围在 4—5—6—0 内，若 KM_3 也不能吸合，则要检查 FU_3 有没有熔断，热继电器 FR_1、FR_2 是否动作，控制变压的输出电压是否正常，线路 1—2—3—4 之间有没有开路的地方。

若 KM_1 能吸合，则判断故障在主电路上。KM_1 能吸合，说明 U、V 相正常（若 U、V 相不正常，控制变压器输出就不正常，则 KM_1 无法正常吸合），测量 U、W 之间和 V、W 之间有无 380V 电压，若没有，则可能是 FU_1 的 W 相熔断或连线开路。

（2）主轴电机起动后不能自锁

当按下起动按钮 SB_2 后，主轴电动机能够起动，但松开 SB_2 后，主轴电机也随之停止，造成这种故障的原因是 KM_1 的自锁触点（5—6）接触不良或连线松动脱落。

① 主轴电机在运行过程中突然停止。这种故障原因主要是由于热线电器动作造成，原因可能是三相电源不平衡、电源电压过低、负载过重等。

② 刀架快速移动电动机不能起动。首先检查主轴电机能否起动，如果主轴电机能够起动，则有可能是 SB_3 接触不良或导线松动脱落造成电路 4—8 间电路不通。

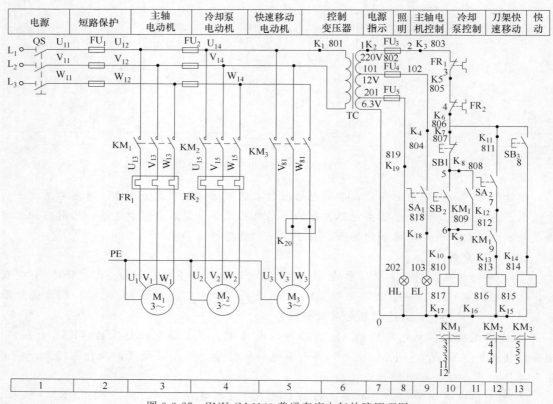

图 3-3-27　ZNK-CA6140 普通车床电气故障原理图

7. CA6140 普通车床的操作

（1）准备工作

① 先熟悉原理，再进行正确的通电试车操作。

② 熟悉电器元件的安装位置，明确各电器元件作用。

③ 查看各电器元件上的接线是否紧固，各熔断器是否安装良好，将各开关置分断位置。

（2）操作试运行

接通电源，参看电气原理图，按下列步骤进行操作。

① 合上空气开关 QS，"电源"指示灯亮。

② 将照明开关 SA$_1$ 旋到"开"的位置，"照明"指示灯亮，将 SA$_1$ 旋到"关"，照明指示灯灭。

③ 按下"主轴起动"按钮 SB$_2$，KM$_1$ 吸合，主轴电机转，"主轴起动"指示灯亮，按下"主轴停止"按钮 SB$_1$，KM$_1$ 释放，主轴电机停转。

④ 冷却泵控制：

按下 SB$_2$ 将主轴起动。

将冷却泵开关 SA$_2$ 旋到"开"位置，KM$_2$ 吸合，冷却泵电机转动，"冷却泵起动"指示灯亮，将 SA$_2$ 旋到"关"，KM$_2$ 释放，冷却泵电机停转。

⑤ 快速移动电机控制：

按下 SB$_3$，KM$_3$ 吸合，"刀架快速移动"指示灯亮，快速移动电机转动。

松开 SB$_3$，KM$_3$ 释放，"刀架快速移动"指示灯灭，快速移动电机停止。

8. 注意事项

① 设备通电后，严禁在电器侧随意扳动电器件。尽量采用不带电检修。若带电检修，则必须有人在现场监护。

② 必须安装好各电机、支架接地线，操作前要仔细查看各接线端，有无松动或脱落，以免通电后发生意外或损坏电器。

③ 在操作中若发出不正常声响，应立即断电，查明故障原因待修。故障噪声主要来自电机缺相运行，接触器、继电器吸合不正常等。

④ 发现熔芯熔断，应找出故障后，方可更换同规格熔芯。

⑤ 操作时用力不要过大，速度不宜过快；操作不宜过于频繁。

⑥ 结束后，应断开电源，将各开关置分断位。

任务 **3.4** 单相异步电动机

单相异步电动机是利用单相交流电源 220V 供电的一种小容量电动机，其容量大多为几瓦到几百瓦，与同容量的三相异步电动机相比，它的体积较大，运行性能较差。但是单相异步电动机具有结构简单、成本低廉、运行可靠、维修方便等特点，通常广泛应用于农业、办公场所、家用电器等方面，有"家用电器心脏"之称。

3.4.1 单相异步电动机的主要结构

单相异步电动机主要由定子、转子、起动元件、前端盖、后端盖与轴承组成。按其定子结构与起动方式的不同可分为电容运行式单相异步电动机、电容起动式单相异步电动机、电阻分相式单相异步电动机、罩极式单相异步电动机等。

二维码 3-10
单相异步电动
机结构

电容起动式单相异步电动机结构如图 3-4-1 所示。

3.4.1.1 定子

单相异步电动机的定子由定子铁芯和定子绕组两部分组成。其中定子铁芯是用内圆冲有

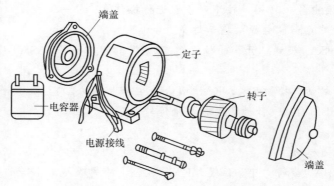

图 3-4-1　电容起动式单相异步电动机结构

槽口的相互绝缘的硅钢片叠成；定子绕组由两套独立的在空间相隔 90°的对称分布的绕组组成，一套称工作绕组，另一套称起动绕组，每套两组，能形成空间对称的四个磁极；绕组是用高强度的绝缘漆包线绕成，嵌放在定子铁芯槽中。

3.4.1.2　转子

单相异步电动机的转子由转子铁芯、笼型转子绕组和转轴构成。其中转子铁芯是用外圆冲有槽口的相互绝缘的硅钢片叠成，与转轴固定在一起；转子绕组是在铁芯槽内铸有铝制笼形绕组，两端铸有端环和扇叶，铝条和端环构成闭合回路。

3.4.1.3　起动元件

电容器与起动绕组串联，使单相异步电动机能够起动，并进入正常工作状态。

3.4.1.4　前、后端盖

由铸铝或其他金属制成，以固定电动机定子、通过轴承支承转子，保证定子和转子配合准确与牢固。

3.4.2　单相异步电动机的工作原理

3.4.2.1　单相绕组的脉动磁场

首先来分析在单相定子绕组中通入单相交流电后产生磁场的情况。

二维码 3-11
单相异步电动机
工作原理

如图 3-4-2 所示，假设在单相交流电的正半周时，电流从单相定子绕组的左半侧流入，从右半侧流出，则由电流产生的磁场如图 3-4-2（b）所示，该磁场的大小随电流的大小而变化，方向则保持不变。当电流过零时，磁场也为零。当电流变为负半周时，则产生的磁场方向也随之发生变化，如图 3-4-2（c）所示。由此可见，向单相异步电动机定子绕组通入单相交流电后，产生的磁场大小及方向在不断地变化，但磁场的轴线［图 3-4-2（a）中纵轴］却固定不变，这种磁场称为脉动磁场。

由于磁场只是脉动而不是旋转，因此单相异步电动机的转子如果原来静止不动的话，则在脉动磁场作用下，转子导体因与磁场之间没有相对运动，而不产生恒定方向的感应电动势和电流，也就不会产生恒定方向的电磁力的作用，因此转子仍然静止不动。就是说单相异步电动机（一个定子绕组）没有起动转矩，不能自行起动。这是单相异步电动机的一个主要缺点。

如果用外力去拨动一下电动机的转子，则转子导体就切割定子脉动磁场，从而有恒定方

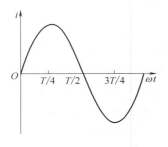

(a) 交流电流波形

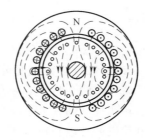

(b) 电流正半周产生的磁场

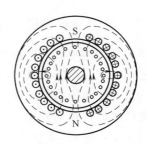

(c) 电流负半周产生的磁场

图 3-4-2 单相脉动磁场的产生

向的电动势和电流产生，并将在磁场中受到力的作用，与三相异步电动机转动原理一样，转子将顺着拨动的方向转动起来。因此，要使单相异步电动机具有实际使用价值，就必须解决电动机的起动问题。

单相异步电动机的转动原理可用双旋转磁场理论来解释。当仅将单相异步电动机的一相绕组接通单相交流电源，流过交流电流时，电动机中产生的磁动势为脉振磁动势。由于一个脉振磁动势可以分解为两个转向相反、转速相同、幅值相等的旋转磁动势 F_+ 和 F_-，所以单相异步电动机的转子在脉振磁动势作用下产生的电磁转矩 T_{em}，应该等于正转磁动势 F_+ 和反转磁动势 F_- 分别作用下产生的电磁转矩之和。

3.4.2.2 两相绕组的旋转磁场

为了能产生旋转磁场，利用起动绕组中串联电容实现分相，其接线原理如图 3-4-3（a）所示。只要合理选择参数便能使工作绕组中的电流与起动绕组中的电流相差 90°，如图 3-4-3（b）所示，分相后两相电流波形如图 3-4-4 所示。如同分析三相绕组旋转磁场一样，将正交的两相交流电流通入在空间位置上相差 90° 的两相绕组中，同样能产生旋转磁场，如图 3-4-5 所示。

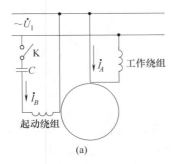

图 3-4-3 电容起动式单相异步电动机接线图及相量图

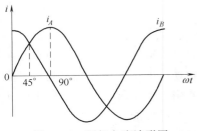

图 3-4-4 两相电流波形图

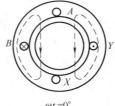

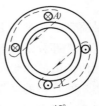

图 3-4-5 两相旋转磁场的产生

3.4.3 单相异步电动机的调速

单相异步电动机的调速原理与三相异步电动机一样，可以用改变电源频率（变频调速）、改变电源电压（调压调速）、改变绕组的磁极对数（变极调速）等多种方法。目前，使用最普遍的是改变电源电压调速。调压调速有两个特点：一是电源电压只能从额定电压往下调，因此电动机的转速也只能是从额定转速往低调；二是因为异步电动机的电磁转矩与电源电压平方成正比，因此电压降低时，电动机的转矩和转速都下降，所以这种调速方法只适用于转矩随转速下降而下降的负载（称为风机负载），如风扇、鼓风机等。常用的调压调速又分为串电抗器调速、自耦变压器调速、串电容调速、绕组抽头法调速、晶闸管调压调速、PTC元件调速等多种，下面介绍PTC元件调速方法。

在需要有微风挡的电风扇中，常采用PTC元件调速电路。所谓微风，是指电扇转速在 $500r/min$ 以下送出的风，如果采用一般的调速方法，电扇电动机在这样低的转速下往往难以起动，较为简单的方法就是利用PTC元件的特性来解决这一问题。图3-4-6所示为PTC元件的工作特性，当温度 t 较低时，PTC元件本身的电阻值很小，当高于一定温度后（图中 A 点以上），即呈高阻状态，这种特性正好满足微风挡的调速要求。图3-4-7所示为风扇微风挡的PTC元件调速电路，在电扇启动过程中，电流流过PTC元件，电流的热效应使PTC元件温度逐步升高，当达到 A 点温度时，PTC元件的电阻值迅速增大，使电扇电动机上的电压迅速下降，进入微风挡运行。

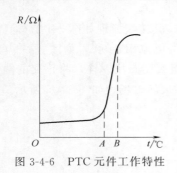

图3-4-6 PTC元件工作特性

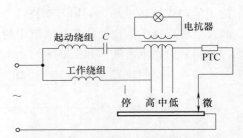

图3-4-7 风扇微风挡PTC元件调速电路

3.4.4 单相异步电动机的反转

单相异步电动机的转向与旋转磁场的转向相同，因此要使单相异步电动机反转就必须改变旋转磁场的转向，其方法有两种：一种是把工作绕组（或起动绕组）的首端和末端与电源的接线对调，就改变了旋转磁场的方向，从而使电动机反转；另一种是把电容器从一组绕组中改接到另一组绕组中（此法只适用于电容运转单相异步电动机），从而改变旋转磁场和转子的转向。

洗衣机电动机是驱动家用洗衣机的动力源。洗衣机主要有滚筒式、搅拌式和波轮式3种。目前我国的洗衣机大部分是波轮式，洗衣桶立轴，底部波轮高速转动带动衣服和水流在洗涤桶内旋转，由此使桶内的水形成螺旋涡流，并带动衣物转动，上下翻滚，使衣服与水流和桶壁摩擦以及衣物之间拧搅的摩擦，在洗涤剂的作用下使衣服污垢脱落（对洗衣机用电动机的主要要求是出力大，启动好，耗电少，温升低，噪声少，绝缘性能好，成本低等）。

洗衣机的洗涤桶在工作时要求电动机在定时器的控制下正反交替运转，由于其电动机一般均为电容运转单相异步电动机，故一般均采用将电容器从一组绕组中改接到另一组绕组中的方法来实现正反转。因为洗衣机在正反转工作时情况完全一样，所以两相绕组可轮流充当主、副相绕组，因而在设计时，主、副相绕组应具有相同的线径、匝数、节距及绕组分布形式。

图 3-4-8 所示为洗衣机电动机与定时器的接线图，当主触点 K 与 a 接触时，流进绕组 I 的电流超前于绕组 II 的电流某一角度。假如这时电动机按顺时针方向旋转，那么当 K 切换到 b 点，流进绕组 II 的电流超前绕组 I 的电流一个电角度，电动机便逆时针旋转。

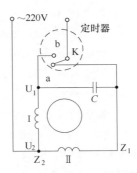

图 3-4-8　洗衣机用电容运转电动机的正，反转控制

洗衣机脱水用电动机也是采用电容运转式电动机，它的原理和结构同一般单相电容运转电动机相同。由于脱水时一般不需要正反转，故脱水用电动机按一般单相电容运转异步电动机接线，即主绕组直接接电源，副绕组和移相电容串联后再接入电源。由于脱水用电动机只要求单方向运转，所以主、副绕组采用不同的线径和匝数绕制。

［实践操作 7］　转叶式电风扇的拆装

1. 任务说明

通过对转叶式电风扇进行拆装，进一步了解单相异步电动机的结构与工作原理。

2. 任务准备

由老师提供简易的单相异步电动机实物（如吊扇或台扇电动机，转叶式电风扇的基本结构如图 3-4-9 所示），然后进行以下工作。

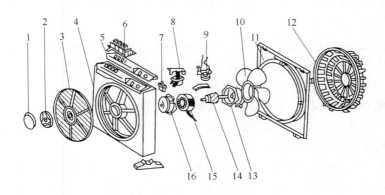

图 3-4-9　转叶式电风扇的基本结构

1—装饰件；2—转叶衬圈；3—转叶轮；4—前框架；5—开关罩；6—琴键开关；7—电容器；8—定时开关；9—转叶微电动机；10—扇叶；11—前盖；12—网罩；13—后端盖；14—转子；15—定子；16—前端盖

① 将全班学生进行分组，每 6 人为一组，并选出小组负责人。

② 每组分别根据实物（或参考图片），讨论单相异步电动机的拆装步骤。

③ 每组小组长总结本组拆装步骤，由指导老师检查并更正。

④ 每组按照经老师更正过的正确的步骤，拆装单相异步电动机。

3. 任务操作

（1）拆装步骤

① 用起子拆去风扇网罩的固定螺母，移动网罩，将网罩取下。

② 用手拧下装饰件。

③ 用一字形螺钉旋具将转叶衬圈从转轴上取下。

④ 取出转叶轮。

⑤ 用起子拆去风扇前盖与前框架之间的固定螺母，将前盖取下。

⑥ 用起子拆去风扇电动机与前框架之间的固定螺母，将风扇电动机取下。

⑦ 将压入前盖的定子铁芯与定子绕组取出。

⑧ 将电动机一侧的轴承盖取下，再拆下另一侧的端盖螺栓，抽出转子。

⑨ 轴承的处理。电动机的轴承是否要从转子上拆下需要具体情况具体分析。若确定轴承需要更换，则可以用拆卸器将轴承取出。拆卸电动机的轴承时，若没有拆卸器，也可以用扁铁或铜棒拆卸。用扁铁拆卸时先用两根扁铁架住轴承的内圈，使转子悬空，然后在轴端上垫加铜块或木块，用锤子敲打。用铜棒拆卸轴承时先将铜棒对准轴承内圈，然后用锤子敲打铜棒，把轴承敲出。注意：在敲打铜棒时应在轴承内圈相对两侧轮流敲打，用力不能过猛。

⑩ 将各部件清洁干净后，给电动机注入少量润滑油，然后将风扇按拆卸逆顺序重新装配好。

（2）任务测试

① 简述单相异步电动机的工作原理。

② 单相异步电动机分为哪几类？各有什么特点？

[项目小结]

三相异步电动机是指由三相交流电源供电，在电机内部形成气隙旋转磁场，依靠电磁感应作用，在转子中产生感应电动势、电流，进而产生电磁力和电磁转矩，带动转子转动，从而实现电能到机械能的转换。按转子结构不同，三相异步电动机可分为笼型异步电动机和绕线转子异步电动机。

转子转速总是与旋转磁场转速存在差异，这是异步电动机运行的基本条件。

三相异步电动机的工作特性是指电动机转速、输出转矩、定子功率因数、电动机效率等物理量与输出功率之间的相互关系，是选用电动机的重要依据。

三相异步电动机机械特性是指转矩与转速两者之间的关系曲线，即 $n=f(T)$，通过机械特性临界点的分析，可得出最大转矩、临界转差率与转子电阻、电压的关系，这对分析电动机的起动、调速有重要的作用。

三相笼型异步电动机的起动有直接起动和降压起动。因直接起动电流大，频繁起动会使电动机发热并产生较大的电动力而影响寿命，对电网而言，会因过大的起动电流使电网电压短时下降，影响接于同一电网的负载的正常运行。一般 7.5kW 以下的电动机允许直接起动。

为了克服笼型异步电动机起动电流过大的缺点，可采取降压起动。降压起动包括定子回路串接电阻或电抗的降压起动、自耦变压器降压起动、Y-△降压起动等。由于降压起动不但减小了起动电流，同时也减小了起动转矩，故只宜用于空载或轻载起动的生产机械。

三相绕线型异步电动机采取在转子回路中串接适当大小的电阻起动或转子串频敏变阻器起动。前者既可增大起动转矩 T_{st}，又可减小起动电流 I_{st}，从而较好地改善了异步电动机的起动性能，解决了较大容量异步电动机重载起动的问题。后者以转子串频敏变阻器起动代替串电阻起动，既可以简化控制系统，又能实现平滑起动，但一般用于起动转矩较小的情况。

根据转速公式可得三相异步电动机的调速有变极、变频及改变转差率 3 种方法。改变转差率的调速又包括转子回路串电阻、改变定子电压、串级调速等方法。随着变频技术的飞速发展，目前，在许多要求平滑调速的领域内，三相异步电动机已取代直流电动机。

三相异步电动机的制动是指在电动机轴上加一个与其旋转方向相反的转矩，使电动机减速、停止或以一定速度旋转。三相异步电动机的电气制动方法有回馈制动、反接制动（倒拉反接制动与两相电源反接制动）和能耗制动这 3 种方法。

单相异步电动机是指利用单相交流电源供电，电动机转速随负载变化而稍有变化的一种交流异步电动机，通常其功率都比较小，主要用于由单相电源供电的场合。单相异步电动机采用普通鼠笼式转子，定子上有两相绕组，在空间互差 90°电角度，一相为主绕组，又称为运行绕组；另一相为副绕组，又称为起动绕组。由于一相绕组单独通入交流电流时，产生的磁动势为脉振磁动势，因此单相异步电动机本身没有起动转矩，不能自行起动。两相绕组同时通入相位不同的交流电流时，在电动机中产生的磁动势一般为椭圆旋转磁动势，特殊情况下可为圆形旋转磁动势。

单相异步电动机本身的结构与三相异步电动机相仿，也由定子和转子两大部分组成。但由于其功率一般较小，故而结构也较简单。目前使用较多的是电容运转单相异步电动机，它的结构简单，使用维护比较方便，但起动转矩较小，主要用于空载或轻载起动的场合。

[项目综合测试]

一、填空题

1. 三相异步电动机的额定功率是指_____，额定电压是指_____，额定电流是指_____。

2. 某一台三相异步电动机的额定转速为 1440r/min，则其同步转速为_____，额定转差率为_____。

3. 三相异步电动机按照转子结构不同，可分为_____和_____。

4. 三相异步电动机的调速方法有_____、_____和_____。

5. Y-△换接降压起动方法只适用于正常运行时定子绕组为_____接法的三相异步电动机。

6. 三相异步电动机的起动要求有_____、_____、_____和_____。

二、单选题

1. 三相交流电动机铭牌上所标额定电压是指电动机绕组的（　　　）。

A. 线电压　　　　　　　　　　　　　　B. 相电压

C. 根据具体情况可为相电压，也可为线电压　　　D. 输出电压

2. 一台 50Hz 的三相电机通以 60Hz 的三相对称电流，并保持电流有效值不变，此时三相基波合成旋转磁势的幅值大小（　　　）。

A. 变大　　　　　　　B. 减小　　　　　　　C. 不变　　　　　　　D. 无法判定

3. 异步电动机旋转磁场的转向与（　　　）有关。

A. 电源频率　　　　　B. 电源相序　　　　　C. 转子转速　　　　　D. 电流大小

4. 欲使电动机能顺利起动达到额定转速，要求（　　　）电磁转矩大于负载转矩。

A. 平均　　　　　　　B. 瞬时　　　　　　　C. 额定　　　　　　　D. 最小

5. 三相异步电机定子回路串自耦变压器使电机电压为 0.8 倍额定电压，则（　　　）。

A. 从电源吸取电流减少为 0.8 倍额定电流，转矩增加为 1.25 倍额定转矩

B. 电机电流减少为 0.8 倍额定电流，转矩减少为 0.8 倍额定转矩

C. 电机电流减少为 0.8 倍额定电流，转矩减少为 0.64 倍额定转矩

D. 电机电流减少为 0.64 倍额定电流，转矩减少为 0.64 倍额定转矩

6. 一台笼型感应电动机，原来转子是插铜条的，后因损坏改为铸铝的。如输出同样转矩，则电动机运行性能变化情况错误的是（　　　　）。

A. 起动电流减小　　　　B. 起动转矩增大　　　　C. 最大转矩不变　　　　D. 起动转矩不变

三、判断题

1. 交流电机的定子绕组是进行机电能量转换的枢纽，故称为电枢绕组。（　　　　）

2. 磁动势是磁路中产生磁通的根源，因此也是反映磁场强弱的量；磁动势越大，产生的磁通越大，说明磁场越强。（　　　　）

3. 只要电源电压不变，感应电动机的定子铁耗和转子铁耗基本不变。（　　　　）

4. 异步电动机的铭牌上标注的额定功率，是指在额定运行的情况下电动机从电源吸收的电功率。（　　　　）

5. 异步电动机起动力矩小，其原因是起动时功率因数低，电流的有功部分小。（　　　　）

6. 异步电动机正常运行时，负载的转矩不得超过最大转矩，否则将出现堵转现象。（　　　　）

四、简答题

1. 三相异步电动机的旋转磁场是如何产生的？同步转速 n_1 与哪些因素有关？

2. 三相异步电动机转子转动方向与旋转磁场转向是否一致？为什么转子转速 n 与同步转速 n_1 必须保持异步关系？转子的转速能高于同步转速 n_1 吗？

3. 怎样才能使三相异步电动机反转？

4. 三相异步电动机拖动额定负载运行时，若电源电压下降过多，会产生什么后果？

5. 异步电动机为什么起动电流大而起动转矩并不大？

6. 同一台三相异步电动机在空载或满载下起动，起动电流和起动转矩大小是否一样？起动过程是否一样快？

项目4
同步电机的认知与运行控制

[项目导论]

    同步电机是交流旋转电机中的一种，其转速恒等于同步转速。同步电机主要用作发电机，也可用作电动机和调相机。现在工农业生产所用的交流电能几乎全由同步发电机供给。同步电动机主要用于功率较大、转速不需要调速的低速机械中，为了改善功率因数，才采用同步电动机，如大型水泵、空气压缩机、矿井通风机等。随着新型变频器的出现及控制技术的发展，同步电动机的起动问题也得到了改善。此外，同步电机还有一种较特殊的应用，即作为调相机，以提高电网功率因数，改善供电性能。本项目主要介绍了同步电机的结构和类型、同步发电机的原理和电枢反应、同步电动机 V 形曲线和功率因素调节、同步调相机原理与用途、同步电动机的起动及调速等基本知识。

[能力目标]

    1. 能测定三相同步发电机的运行特性。

    2. 能测定同步电动机的 V 形曲线。

    3. 能完成三相同步电动机的异步起动。

[相关知识]

    1. 同步电机的结构和类别。

    2. 同步发电机的工作原理。

    3. 同步发电机的空载特性、电枢反应。

    4. 同步电动机 V 形曲线和功率因素调节。

    5. 同步电动机的起动和调速。

任务 4.1　同步电机概述

4.1.1　同步电机的基本类型

    同步电机的定子又称电枢，是在定子铁芯内圆均匀分布的槽内嵌放三相对称绕组。转子主要由磁极铁芯与励磁绕组组成。当励磁绕组通入直流电流后，转子即建立恒定磁场。作为发电机，当原动机拖动转子旋转时，其磁场切割定子绕组而产生交流电动势，该电动势的频率为

$$f = \frac{pn}{60} \tag{4-1-1}$$

    式中，p 为电机的磁极对数；n 为转子转速；f 为频率。

    如果同步电机作为电动机运行，则需要在定子绕组上施以三相交流电压，电机内部便产

生一个旋转磁场，其旋转速度为同步转速 n_1。此刻在转子绕组加上直流励磁，转子将在定子旋转磁场的带动下，拖动负载沿定子磁场的方向以相同的转速旋转，转子的转速为

$$n = n_1 = \frac{60f}{p} \text{r/min} \tag{4-1-2}$$

我国电网的标准频率为 50Hz，电机的磁极对数 p 又一定是整数，所以同步电机的转速为一固定的数值，例如，二极电机的转速为 3000r/min，四极电机的转速为 1500r/min，以此类推。

4.1.2 同步电机的分类

同步电机可以按运行方式、结构形式和原动机的类别进行分类。

按运行方式，同步电机可分为发电机、电动机和调相机三类。发电机把机械能转换为电能；电动机把电能转换为机械能；调相机专门用来调节电网的无功功率，改善电网的功率因数，在调相机内基本不转换有功功率。

按结构形式，同步电机可分为旋转电枢式和旋转磁极式两种。前者在某些小容量同步电机中得到应用，后者应用比较广泛，并成为同步电机的基本结构形式。旋转磁极式同步电机按磁极的形状，又可分为隐极式和凸极式两种类型，如图 4-1-1 所示。

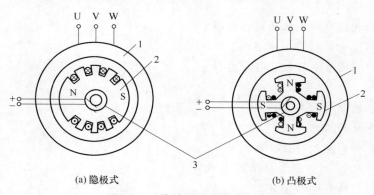

(a) 隐极式　　　　　　(b) 凸极式

图 4-1-1　旋转磁极式同步电机

1—定子；2—转子；3—集电环

按原动机类别，同步电机可分为汽轮发电机、水轮发电机和柴油发电机等。汽轮发电机由于转速高，转子各部分受到的离心力很大，机械强度要求高，故一般采用隐极式；水轮发电机转速低、极数多，故都采用结构和制造上比较简单的凸极式。同步发电机、柴油发电机和调相机，一般也做成凸极式。

4.1.3 同步电机的基本结构

同步电机是交流电机的一种，与直流电机、异步电机一样，同步电机也是由定子和转子两大部分组成，定子与转子之间是空气隙。

4.1.3.1 定子

同步电机的定子与异步电机的定子结构基本相同，由机座、定子铁芯、定子绕组等组成。定子铁芯通常由 0.5mm 厚度的硅钢片叠成，大型同步电机由于尺寸太大，硅钢片常制成扇形，然后对成圆形，目的是减少磁滞和涡流损耗。定子绕组又称励磁绕组，为三相对称

交流绕组。定子绕组的作用是输入对称三相交流电，以产生旋转磁场。机座是支承部件，其作用是固定定子铁芯和电枢绕组。小功率同步电动机的机座一般用铸铁铸成，大型同步电动机的机座一般用钢板焊接而成。

汽轮发电机为隐极式同步电机，由于转速较高，直径较小，长度较长，其定子铁芯留有通风槽，以利于铁芯散热。当定子铁芯的外径大于 1m 时，为了合理地利用材料，其每层硅钢片常由若干块扇形片组合而成。叠装时把各层扇形片间的接缝互相错开，压紧后仍为一整体的圆筒形铁芯，整个铁芯固定于机座上。在定子铁芯圆槽内嵌放定子绕组，一般采用三相双层短距叠绕组。

水轮发电机为凸极式同步电机，通常定子直径较大，通常把它分成几瓣制造，后拼装成一整体，一般采用双层分数槽绕组，以利于改善电压波形。

4.1.3.2　转子

转子由转子铁芯、励磁绕组、转轴、滑环等组成。转子铁芯是电机磁路的主要组成部分，励磁绕组一般用扁铜线绕成。

（1）凸极式转子

凸极式转子铁芯由厚度为 $1\sim3$mm 的钢片叠成，磁极两端有磁极压板，用来压紧磁极冲片和固定磁极绕组。有些发电机磁极的极靴上开有一些槽，槽内放上铜条，并用端环将所有铜条连在一起构成阻尼绕组，其作用是用来抑制短路电流和减弱电机振荡，在电动机中作为起动绕组用。励磁绕组中通过直流励磁电流后，每个磁极就出现一定的极性，相邻磁极交替为 N 极和 S 极。

凸极同步电机的气隙不均匀，旋转时的空气阻力较大，比较适合于中速或低速旋转场合，且有明显的磁极，转子铁芯短粗，适用于转速低于 1000r/min，磁极对数 $p\geqslant3$ 的电动机，如水轮发电机。由内燃机拖动的同步发电机以及同步补偿机，也多做成凸极式。

（2）隐极式转子

对于隐极式转子结构，其上没有显露出来磁极，但在转子本体圆周上，几乎有 1/3 的部分是没有槽的，构成所谓"大齿"，励磁磁通主要由此通过，相当于磁极；其余部分是小齿，在小齿之间的槽里放置励磁绕组。隐极同步电机气隙均匀，无明显的磁极，转子铁芯长细，呈圆柱形，适用于转速高于 1500r/min，磁极对数 $p\leqslant2$ 的电动机，如汽轮发电机。

4.1.4　同步电机的额定值及励磁方式

4.1.4.1　额定值

（1）额定容量 S_N 或额定功率 P_N

指电机在额定状态下运行时的输出功率。发电机用视在功率（kVA）或有功功率表示，电动机用有功功率（kW）表示，补偿机用无功功率（kvar）表示。

（2）额定电压 U_N——定子线电压

指电机在额定运行时的三相定子绕组的线电压，常以 kV 为单位。

（3）额定电流 I_N——定子线电流

指电机在额定运行时三相定子绕组的线电流，单位为 A 或 kA。

（4）额定频率

我国标准工频为 50Hz。

（5）额定功率因素

指电机在额定运行时的功率因数。

除上述额定值外，铭牌上还列出同步电机的额定功率、额定转速、额定励磁电流、额定励磁电压和额定温升等。

4.1.4.2 同步电机的励磁方式

同步电机运行时，必须在励磁绕组中通入直流电流，建立励磁磁场。所谓励磁方式是指同步电机获得直流励磁电流的方式。而整个供给励磁电流的线路和装置称为励磁系统。励磁系统和同步电机有密切的关系，它直接影响同步电机运行的可靠性、经济性以及一些主要特性。常用的励磁方式有：直流励磁机励磁、静止半导体励磁、旋转半导体励磁和三次谐波励磁。

（1）直流励磁机励磁特点

采用独立电源（直流发电机）与交流电网没关系，运行可靠。

（2）静止半导体励磁

① 他励式静止半导体励磁系统特点。

a. 自动电压调整器可根据主发电机端电压的偏差自动调整励磁电流。

b. 整流器均在电机外（静止）。

② 自励式静止半导体励磁系统特点。

a. 取消励磁机。

b. 励磁电流由电网或主发电机提供。

（3）旋转半导体励磁特点

① 主励磁为旋转电枢式。

② 采用旋转整流器。

（4）三次谐波励磁特点

① 发电机定子嵌入三次谐波绕组。

② 将三次谐波电压整流后形成主发电机励磁。

励磁系统应满足的条件：

① 能稳定地提供发电机从空载到满载（及过载）所需的 I_f；

② 当电网电压 u 减小时，能快速强行励磁，提高系统的稳定性；

③ 当电机内部发生短路故障时，能快速灭磁；

④ 运行可靠，维护方便，简单经济。

4.1.5 同步电机的冷却方式

随着单机容量的不断提高，大型同步电机的发热和冷却问题日趋严重，为解决此问题，采取了不同的冷却方式，主要有以下几种。

4.1.5.1 空气冷却

空气冷却主要采用内扇式辅向和径向混合通风系统，适用于容量为 50MW 以下的汽轮发电机。为确保运行安全，要求整个空气系统应是封闭的。

4.1.5.2 氢气冷却

氢气的相对密度约为空气的十分之一，用它来取代空气，可使发电机的通风摩擦损耗减少近 90%。此外，氢气具有较良好的散热性能，因此，氢气冷却在汽轮发电机中被广泛应用，并从外冷式发展为内冷式，即定、转子导线做成空心的，直接将氢气压缩进导体带走热量。应用中要注意解决的是防漏和防爆问题。

4.1.5.3 水冷却

水具有优于空气和氢气的良好散热能力，是理想的冷却介质。其主要方式为内冷式，但面临泄漏和积垢堵塞问题。虽然全氢冷有很理想的冷却效果，但定子绕组用水内冷，定、转子铁芯用氢外冷，转子励磁绕组用氢内冷的混合冷却方式更为经济，应用也较多。

4.1.5.4 超导发电机

由于超导状态下电机绕组的电阻完全消失，从而彻底解决了电机发热和温升问题，可以大大提高电机的效率。因此超导发电机研究进展很快，但关键技术问题，如强磁场、高电流密度、高温交流超导线材料的制备等仍未取得突破。

任务 4.2 同步发电机

4.2.1 同步发电机工作原理

发电机是根据电磁感应原理制成的。在实际发电机中产生感应电势的线圈是不运动的，运动的是磁场。产生磁场的是一个可旋转的磁铁，两端为南、北两磁极，是发电机的转子，线圈在磁铁外围，与磁铁转轴同一平面。当磁铁旋转时产生旋转磁场，线圈切割磁力线产生感应电动势。

二维码 4-1 单相永磁交流发电机结构

由于空气的磁导率太低，在旋转磁铁的外围安上环型铁芯，也就是定子，可大大加强磁铁的磁感应强度。在定子铁芯的内圆有一对槽，线圈嵌装在槽内。当磁铁旋转时，线圈切割磁力线感生交流电流。发电机的转子是电磁铁，转子上绕有励磁线圈，通过滑环向励磁线圈供电来产生磁场。把定子与线圈安在转子外围，形成一个单相交流发电机原理模型，这种旋转磁场的发电机称为旋转磁极式同步发电机。

二维码 4-2 单相交流发电机工作原理

实际应用的主要是三相交流发电机，其定子铁芯的内圆均匀分布着 6 个槽，嵌装着三相绕组，空间互差 $120°$ 电角度，匝数相等。转子上励磁电流 I_f 产生主磁通，主磁通的路径主要由定、转子铁芯和两段气隙构成，如图 4-2-1 所示。原动机逆时针恒速旋转，定子上导体切割磁力线，产生三相感应对称电动势。

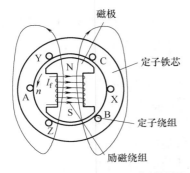

图 4-2-1 同步发电机工作原理图

二维码 4-3 三相交流发电机结构

设 E_m 为相电动势幅值，A 相初相角为 $0°$，则有

$$e_A = E_m \sin wt$$
$$e_B = E_m \sin(wt - 120°)$$
$$e_C = E_m \sin(wt - 240°) \tag{4-2-1}$$

当导体经过一对磁极，导体中的感应电动势 $E(t)$ 就变化了一个周期，如果转子的极对数为 p，那么当转子旋转一周，导体中所感应的电动势就变化了 p 个周期。通常转子的转速用每分钟多少转来表示，所以当转子转速为 n（r/min）时，感应电动势的频率即为

$$f = \frac{pn}{60} \tag{4-2-2}$$

由此可见，当转速 n 与极对数 p 一定时，发电机发出交流电的频率也就固定。反之，当极对数和频率要求一定时，同步发电机的原动机必须有相应的固定转速，即为同步转速。

如将同步电机定子绕组接至三相交流电源，频率为 f 的三相交流电流流过定子绕组，将在电机气隙中产生转速为同步转速 n_1 的旋转磁场。在一定条件下旋转磁场将吸住转子磁极一起旋转，它们有相同的转速和转向，显然此刻电机为电动机运行方式，转子转速恰为同步转速 $n = n_1 = \dfrac{60f}{p}$ r/min。

综上所述，同步电机无论作为发电机或电动机，它的转子转速总等于由电机极对数和电枢电流频率所决定的同步转速。"同步"机因而得名。

4.2.2　同步发电机的空载运行

所谓空载运行是指原动机带动发电机在同步转速下运行，励磁（转子）绕组通过适当的励磁电流，电枢（定子）绕组不带任何负载（开路）时的运行情况，称为空载运行。空载运行是同步发电机最简单的运行方式，其气隙磁场由转子磁势 F_f（励磁磁势）单独建立，称励磁磁场。

4.2.2.1　空载气隙磁场

① 主磁通：既与转子交链，又经气隙与定子交链的磁通。为一以同步转速旋转的旋转磁场，磁密波形沿气隙圆周近似作正弦分布，其基波分量的每极磁通用 Φ_0 表示，Φ_0 参与电机的机电能量转换。

② 漏磁通 $\Phi_{1\sigma}$：除 Φ_0 外的所有谐波成分，及励磁磁场中仅与转子励磁绕组交链而不与定子交链的磁通。$\Phi_{1\sigma}$ 不参与电机的机电能量转换。

4.2.2.2　空载特性

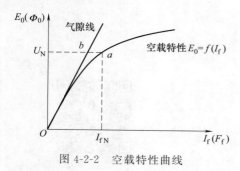

图 4-2-2　空载特性曲线

① 空载运行时，励磁电势随励磁电流变化的关系称为同步发电机的空载特性。$E_0 = f(I_f)$ 或 $E_0 = f(F_f)$。

② 转子同步速为 n_1，每相基波电势有效值为 $E_0 = 4.44 f W_1 k_{W1} \Phi_0$。

③ $E_0 = f(\Phi_0)$：改变 I_f，可改变 Φ_0 及 E_0，由此得空载特性曲线如图 4-2-2 所示。

空载特性与电机磁路的磁化曲线具有类似的变化规律。

励磁电流较小时，由于磁通较小，电机磁路没有饱和，空载特性呈直线（将其延长后的射线称气隙线）。随着励磁电流的增大，磁路逐渐饱和，磁化曲线开始进入饱和段。为合理利用材料，空载额定电压一般设计在空载特性的弯曲处，如图 4-2-2 中的 a 点。

空载特性可以通过计算或试验得到。试验测定的方法与直流发电机类似。

4.2.3 同步发电机的电枢反应

当同步发电机接入三相对称负载后，如保持转速和励磁电流不变，发电机的端电压将随着负载的性质不同而变化。如带上电阻性负载时电压将减小，带上电感性负载时电压下降更多，带上电容性负载时电压则可能增加。

为什么同步电动机带上负载时端电压会发生变化呢？首先要从同步电动机带上负载后对气隙磁场的影响方面来分析。

4.2.3.1 负载后磁势分析

空载时，同步发电机中只有一个以同步转速旋转的励磁磁势 F_f，它在定子对称三相绕组中感应出三相对称交流电势，称为励磁电势。当定子对称三相绕组接三相对称负载后，定子对称三相绕组和负载一起构成闭合通路，通路中流过的是三相对称的交流电流，三相对称电流流过三相对称绕组时将会产生一个以同步速度旋转的旋转磁势。

同步发电机接三相对称负载以后，电机中除了随转轴同转的转子励磁磁势 F_f（由励磁电流 I_f 产生，称为机械旋转磁势）外，又多了一个电枢旋转磁势 F_a（由定子绕组中三相对称电流 I 产生，称为电气旋转磁势）。两旋转磁势的转速均为同步转速，相对静止状态，可以用矢量加法；而且转向一致，二者在空间合成为一个合成磁势 F。气隙磁场可以看成是由合成磁势在电机的气隙中建立起来的磁场，也是以同步转速旋转的旋转磁场。

4.2.3.2 电枢反应

电枢磁势的存在，将使气隙磁场的大小和位置发生变化，这一现象称为电枢反应。电枢反应会对电机性能产生重大影响。电枢反应的性质（去磁、助磁或交磁）决定于空间相量 F_a 和 F_f 之间的相对位置，这一相对位置仅与时间相量 E_0 和 I 之间的相位差 ψ 相关联，称为内功率因数角，其大小由负载的性质决定。首先规定两个轴，把转子一个 N 极和一个 S 极的中心线称直轴或纵轴；与纵轴相距 90°空间电角度的地方称交轴或横轴。同时规定 $\dot{I}$ 与 $\dot{E}$ 相同时，若 $\dot{E}_0$ 超前，ψ 大于 0。

（1）$\dot{E}_0$ 与 $\dot{I}$ 同相（$\psi = 0°$）时的电枢反应

当 $\psi = 0°$，$\dot{E}_0$ 与 $\dot{I}$ 同相时，如图 4-2-3（a）所示，F_a 和 F_f 之间的夹角为 90°，即二者正交，转子磁势 F_a 作用在纵轴上，而电枢磁势作用在横轴上，这种作用在横轴上的电枢反应称为横轴或交轴电枢反应，简称交磁作用。

结论：F_a 对 F_f 大小无影响，但合成磁势 F 的轴线位置从空载时纵轴处逆转子转向后移一个锐角，幅值增大，气隙磁势发生畸变。

（2）$\dot{I}$ 滞后 $\dot{E}_0$ 90°（$\psi = 90°$）时的电枢反应

当 $\psi = 90°$，$\dot{I}$ 滞后 $\dot{E}_0$ 90°时，如图 4-2-3（b）所示，F_a 和 F_f 与之间的夹角为 180°，即二者反相，转子磁势和电枢磁势一同作用在直轴上，方向相反，电枢反应为纯去磁作用，合成磁势的幅值减小，这一电枢反应称为直轴或纵轴去磁电枢反应。

（3）$\dot{I}$ 超前 $\dot{E}_0$ 90°（$\psi=-90°$）时的电枢反应

当 $\psi=-90°$，$\dot{I}$ 超前 $\dot{E}_0$ 90°时，如图 4-2-3（c）所示，F_a 和 F_f 与之间的夹角为 0°，即二者同相，转子磁势和电枢磁势一同作用在直轴上，方向相同，电枢反应为纯助磁作用，合成磁势的幅值增大，这一电枢反应称为直轴或纵轴助磁电枢反应。

（4）一般情况下的电枢反应

一般情况下，同步发电机既向电网发出一定的有功功率，又向电网输送一定的电感性无功功率，此时 $0°<\psi<90°$，也就是说电枢电流 $\dot{I}$ 滞后于励磁电动势 $\dot{E}_0$ 一个锐角 ψ，如图 4-2-3（d）所示。

$$I_d = I\sin\psi \quad I_q = I\cos\psi$$

① 直轴分量 I_d 直轴去磁作用。

② 交轴分量 I_q 交磁作用，合成磁势的幅值减小，其轴线位置从空载时直轴处逆转子转向后移一个锐角。

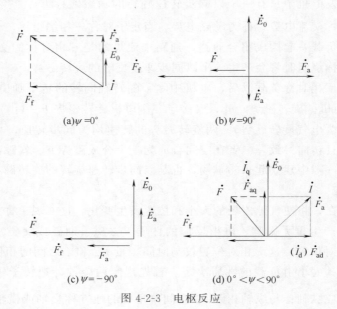

(a) $\psi=0°$ 　　　　　　　　　(b) $\psi=90°$

(c) $\psi=-90°$ 　　　　　　　　(d) $0°<\psi<90°$

图 4-2-3　电枢反应

4.2.4　同步发电机的特性

当同步发电机保持同步转速旋转，假设功率因数 $\cos\varphi$ 不变，则发电机三个互相影响的量 U、I 和 I_f 中的一个不变，其他两者之间的关系就确定了同步发电机的基本特性，即空载特性、短路特性、外特性和调整特性等。通常特性中的物理量均用标幺值表示，基值的规定与其他类型电机相同，励磁电流基值采用空载为额定电压时的励磁电流 I_{f0}。

4.2.4.1　空载特性

空载特性指的是发电机的转速为同步转速（$n=n_1$）、电枢开路（$I=0$）的情况下，空载电压（$U_0=E_0$）与励磁电流 I_f 的关系曲线 $U_0=f(I_f)$。

空载特性曲线本质上就是电机的磁化曲线。由于磁滞现象，当励磁电流 I_f 从零改变到某一最大值，再由此值减小到零时，将得到上升和下降的两条曲线。如图 4-2-4 所示，图中

$I_f=0$ 时的电动势为剩磁电动势。延长曲线与横轴相交，交点的横坐标绝对值 Δi_0 作为校正量。在所有实验励磁电流数据上加上此值，即得到通过原点的校正曲线。

空载特性是发电机的基本特性之一。它一方面表征了磁路的饱和情况，另一方面把它和短路特性、零功率因数负载特性配合，可确定电机的基本参数、额定励磁电流和电压变化率等。

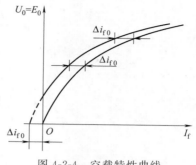

图 4-2-4　空载特性曲线

4.2.4.2　短路特性

短路特性是指发电机在同步转速下，电枢绕组端点三相短接时，电枢短路电流 I_s 与励磁电流 I_f 的关系曲线 $I_s=f(I_f)$。

短路时，端电压 $U=0$，限制短路电流的仅是发电机的内部阻抗。一般同步发电机的电枢电阻远小于同步电抗，所以短路电流可认为是纯电感的，此时电枢绕组上的电抗为同步电抗 X_d，如图 4-2-5 所示。短路时由于电枢反应的去磁作用，发电机中气隙合成磁动势数值较小，致使磁路处于不饱和状态，所以短路特性为一直线。短路特性与空载特性配合可以求出电机的同步电抗。

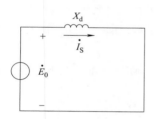 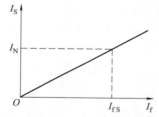

图 4-2-5　短路等效电路和特性曲线

4.2.4.3　外特性

外特性是指发电机的转速保持同步转速，励磁电流和负载功率因数不变时，端电压与负载电流的关系曲线 $U=f(I)$。

当发电机带阻性和感性负载时，外特性是下降的，原因是电枢反应的去磁作用和电枢漏阻抗产生了电压降。带容性负载时且发电机负载的容抗大于同步电抗时，外特性是上升的，原因是电枢反应的助磁作用和容性电流在漏抗上的压降。如图 4-2-6 所示。

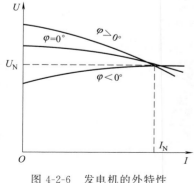

图 4-2-6　发电机的外特性

4.2.4.4　调整特性

当发电机的负载发生变化时，为保持端电压恒定，必须同时调节励磁电流。保持发电机的转速为同步转速。当其端电压和功率因数不变时，励磁电流与负载的关系曲线 $I_f=f(I)$ 称为同步发电机的调整特性。

在感性和阻性负载时，随着负载电流的增加，必须增加励磁电流，补偿电枢反应的去磁作用和漏阻抗压降，保持端电压恒定；对容性负载，随着负载电流的增加，必须减小励磁电流。调整特性曲线如图 4-2-7 所示。

在功率因数一定情况下，根据调整特性曲线，可确

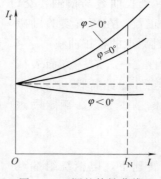

图 4-2-7 调整特性曲线

定在负载变化范围内，维持电压不变所需的励磁电流的变化范围。运行人员可利用调整特性曲线，使系统中无功功率的分配更合理一些。

[实践操作1] 三相同步发电机运行特性实验

1. 任务说明

① 空载实验，在 $n=n_N$、$I=0$ 的条件下，测取空载特性曲线 $U_0=f(I_f)$。

② 三相短路实验，在 $n=n_N$、$U=0$ 的条件下，测取三相短路特性曲线 $I_K=f(I_f)$。

③ 外特性，在 $n=n_N$、$I_f=$常数、$\cos\varphi=1$ 和 $\cos\varphi=0.8$（滞后）的条件下，测取外特性曲线 $U=f(I)$。

④ 调节特性，在 $n=n_N$、$U=U_N$、$\cos\varphi=1$ 的条件下，测取调整特性曲线 $I_f=f(I)$。

2. 任务准备

三相同步发电机实验接线图如图 4-2-8 所示。

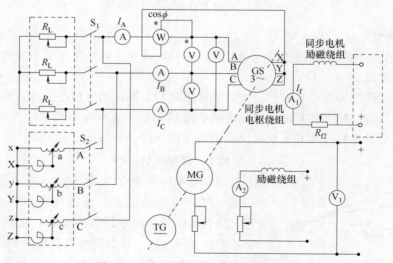

图 4-2-8 三相同步发电机实验接线图

3. 任务操作

（1）操作步骤

① 空载实验。

a. 按图 4-2-8 接线，校正过的直流电机 MG 按他励方式连接，用作电动机拖动三相同步发电机 GS 旋转，GS 的定子绕组为 Y 接法（$U_N = 220V$）。

b. 调节 M12 组件上的 24V 励磁电源串接的 R_{f2} 至最大位置（用 M13 组件上的 90Ω 与 90Ω 并联），调节 MG 的电枢串联电阻 R_{st} 至最大值（用 D44 上的 180Ω 阻值），断开开关 S_1、S_2。将控制屏左侧调压器旋钮向递时针方向旋转退到零位，检查控制屏上的电源总开关、电枢电源开关及励磁电源开关都须在"关"断的位置，做好实验开机准备。

c. 接通控制屏上的电源总开关，按下"开"按钮，接通励磁电源开关，看到电流表 A_2 有励磁电流指示后，再接通控制屏上的电枢电源开关，起动 MG。MG 起动运行正常后，把 R_{st} 调至最小，调节 R_{f1} 使 MG 转速达到同步发电机的额定转速 1500r/min 并保持恒定。

d. 接通 GS 励磁电源，调节 GS 励磁电源（必须单方向调节），使 I_f 单方向调节递增至 GS 输出电压 $U_0 \approx 1.3U_N$ 为止。

e. 单方向减小 GS 励磁电流，使 I_f 单调减至零值为止，读取励磁电流 I_f 和相应的空载电压 U_0。

f. 共取数据 7～9 组，并记录于表 4-2-1 中。

表 4-2-1　$I = 0$　$n = n_N = 1500$r/min

序号							
U_0/V							
I_f/A							

② 三相短路实验。

a. 调节 GS 的励磁电源串接的 R_{f2} 至最大值，开关 S_1、S_2 断开。

b. 将电动机 MG 的 R_{f1} 调至最小，R_{st} 调至最大，先合控制屏上的励磁电源开关，后合电枢电源开关，起动 MG。并调节其转速至额定转速 1500r/min，且保持恒定。

c. 接通 GS 的 24V 励磁电源，调节 R_{f2} 使 GS 输出的三相线电压（即三只电压表 V 的读数）最小，然后合上开关 S_1 于短路位置（三端点短接或将 R_L 调至 0Ω 值），开关 S_2 仍断开。

d. 调节 GS 的励磁电流 I_f 使其定子电流达 1.2 倍额定电流，读取 GS 的励磁电流值 I_f 和相应的定子电流值 I_K。

e. 减小 GS 的励磁电流时励磁电流和定子电流减小，直至励磁电流为零，读取励磁电流 I_f 和相应的定子电流 I_K。

f. 共取数据 4～5 组，并记录于表 4-2-2 中。

表 4-2-2　$U = 0$　$n = n_N = 1500$r/min

序号						
I_K/A						
I_f/A						

③ 测同步发电机在纯电阻负载的外特性。

a. 把三相可变电阻器 R_L 接成三相 Y 接法，每相用 M05 组件上的 900Ω 与 900Ω 串联，调节其阻值为最大值。

b. 把开关 S_2 打开，S_1 闭合在负载电阻端（如有短接线应拆掉）。

c. 按他励直流电动机的起动步骤起动 MG，调节电机转速达同步发电机额定转速

1500r/min，而且保持转速恒定。

d. 接通 24V 励磁电源，调节 R_{f2} 和负载电阻 R_L 使同步发电机的端电压达额定值 220V 且负载电流亦达额定值。

e. 保持这时的同步发电机励磁电流 I_f 恒定不变，调节负载电阻 R_L，测同步发电机端电压和相应的平衡负载电流，直至负载电流减小到零，测出整条外特性。

f. 共取数据 5~6 组并记录于表 4-2-3 中。

表 4-2-3 $n = n_N = 1500$r/min $I_f = $ _____ A $\cos\varphi = 1$

序号								
U/V								
I/A								

④ 测同步发电机在纯电阻负载时的调整特性

a. 开关 S_1 闭合在电阻负载 R_L 端，调节 R_L 使阻值达最大，电机转速仍为额定转速 1500r/min，且保持恒定。

b. 调节 R_{f2} 使发电机端电压达额定值 220V 且保持恒定。

c. 调节 R_L 阻值，以改变负载电流，读取为了保持电压恒定的相应励磁电流 I_f，测出整条调整特性。

d. 共取数据 6~8 组，记录于表 4-2-4 中。

表 4-2-4 $U = U_N = 220$V $n = n_N = 1500$r/min

序号								
I/A								
I_f/A								

（2）实验报告

① 根据实验数据绘出同步发电机的空载特性。

② 根据实验数据绘出同步发电机的短路特性。

③ 根据实验数据绘出同步发电机的外特性。

④ 根据实验数据绘出同步发电机的调整特性。

任务 4.3   同步电动机

4.3.1   同步电动机工作原理

当三相交流电源加在同步电动机的定子绕组时，便有三相对称电流流过定子的三相对称绕组，并产生旋转速度为 n_1 的旋转磁场。同步电动机运行起来后，使其转速接近同步转速 n_1，这时在转子励磁绕组中通以直流，产生极性和大小都不变的磁场，其极对数与定子的相同。

当转子的 S 极与旋转磁场的 N 极对齐，转子的 N 极与旋转磁场的 S 极对齐时，根据磁极异性相吸、同性相斥的原理，定转子磁场（极）间就会产生电磁转矩（称同步转矩），促使转子的磁极跟随旋转磁场一起同步转动，即 $n = n_1$，称为同步电动机。

电动机空载运转时总存在阻力，因此转子磁极的轴线总要滞后旋转磁场轴线一个很小的角度 θ，以增大电磁转矩，图 4-3-1（a）所示。理想空载状态时如图 4-3-1（b）所示。

负载时，θ 角随之增大，电动机的电磁转矩也随之增大，使电动机转速仍保持同步状态，图 4-3-1（c）所示。当负载力矩超过同步转矩时，旋转磁场就无法拖着转子一起旋转，这种现象称为失步，电机不能正常工作。

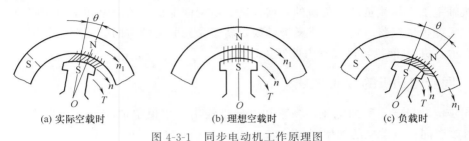

(a) 实际空载时　　　　　　(b) 理想空载时　　　　　　(c) 负载时

图 4-3-1　同步电动机工作原理图

4.3.2　同步电机可逆原理

同步电机的运行是可逆的，既可以用作发电机运行，还可以用作电动机运行。完全取决于它的输入功率是机械功率还是电功率。

同步电机运行于发电机状态时，转子主磁极轴线超前定子合成磁极轴线一个功角 δ，可以认为转子磁极拖着合成等效磁极以同步转速旋转如图 4-3-2（a）所示。此时，发电机产生的电磁制动转矩与输入的驱动转矩相平衡，将机械功率转变为电功率输送给电网。$\delta > 0$，电机把机械能转变成电能。

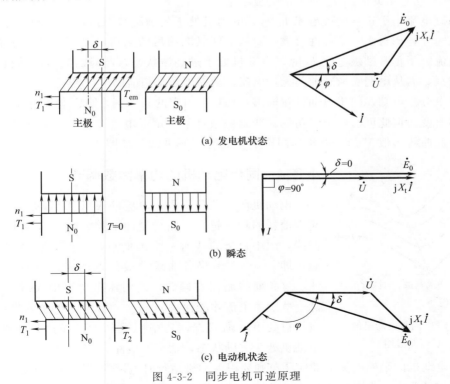

(a) 发电机状态

(b) 瞬态

(c) 电动机状态

图 4-3-2　同步电机可逆原理

　　逐步减少发电机的输入功率，转子将瞬时减速，δ 角减小，相应的电磁功率 P_{em} 也减少。当 δ 减到零时，相应的电磁功率也为零，发电机的输入功率只能满足空载损耗，发电机处于空载运行状态，不向电网输送功率，如图 4-3-2（b）所示。

　　继续减少发电机的输入功率，则 δ 和 P_{em} 变为负值。卸掉原动机，电机从电网吸收功率满足空载损耗，成为空转的电动机，此空载损耗全部由电网输入的电功率来供给。

　　电机轴上加上机械负载，负值的 δ 增大，由电网向电机输入的电功率和相应的电磁功率增大，转子磁极轴线落后定子合成磁极轴线，转子受到驱动性质的电磁转矩作用，如图 4-3-2（c）所示，机-电能量转换过程由此发生逆变。

4.3.3　同步电动机的 V 形曲线

　　在同步电动机定子所加电压、频率和电动机输出功率恒定情况下，调节转子励磁电流 I_f，即可改变同步电动机的功率因数。

　　在保持电压 U、频率以及电动机输出功率不变的条件下，同步电动机的定子电流 I 与励磁电流 I_f 之间的关系曲线 $I = f(I_f)$，称为同步电动机的"V"形曲线。"V"形曲线反映了输出功率一定的条件下，同步电动机定子电流 I 和功率因数 $\cos\varphi$ 随转子励磁电流 I_f 变化的情况。

　　当输出功率一定时，电网供给同步电动机的电流，其有功分量 $P\cos\varphi$ 是一定的。调节励磁电流 I_f，只能引起定子电流 I 无功分量的变化，从而使定子电流 I 的大小和相位发生变化。当 I_f 为某一值时，定子电流与电源电压同相位，$\varphi = 0$，功率因数 $\cos\varphi = 1$，定子电流全部为有功电流。同步电动机为阻性负载，电动机只从电网吸收有功功率，这种状态称为"正常励磁"状态，此时的 I_f 为正常励磁电流。

　　当励磁电流小于正常励磁电流 I_f 时，电动机处于欠励磁状态，此时的同步电动机和异步电动机一样，相对于一个感性负载，需从电网吸取滞后的无功电流，功率因数是滞后的；当励磁电流大于正常励磁电流 I_f 时，电动机处于过励磁状态，此时的同步电动机相当于一个容性负载，需从电网吸取超前的无功电流，功率因数是超前的。

　　由以上分析可知，同步电动机在输出有功功率恒定的条件下，励磁电流的改变将引起定子电流的改变。据此可以作出恒功率、变励磁条件下，定子电流 I 随励磁电流 I_f 变化的曲线。由于此曲线形似 V 形，故称为同步电动机的 V 形曲线，如图 4-3-3 所示。

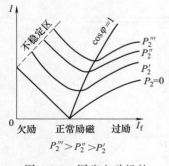

图 4-3-3　同步电动机的
V 形曲线图

4.3.4　同步电动机的功率因数调节

　　电动机所带负载不同，对应的 V 形曲线也不一样，负载越大消耗的功率越大，曲线越向上移。所以 V 形曲线是一簇曲线，图中每条曲线有一个最低点，这点的励磁就是正常励磁，即 $\cos\varphi = 1$。将各曲线的最低点连成一条 $\cos\varphi = 1$ 的曲线。这条曲线略向右倾斜，说明输出功率增大时，要相应增加一些励磁电流才能保持 $\cos\varphi = 1$ 不变。在这条曲线的右侧，电动机处于过励状态，功率因数超前；在这条曲线的左侧，电动机处于欠励状态，功率因数滞后。

　　同步电动机的励磁电流应如何调节则要视电动机运行时电网的实际情况而定，若电网功率因数未达到要求，需要同步电动机提供无功，则电动机应工作在过励状态（但应以定子电流不超过额定值为极限），以提高电网的功率因数；若电网功率因数已达到要求，则同步电动机应工作在正常励磁状态，这时电动机功率因数为 1，定子电流 I 最小，铜损最小，效率最高。

任务 4.4 同步调相机

4.4.1 调相机的原理

调相机实质上是一台不带机械负载、专门用来改善电网功率因数的同步电动机，在正常励磁时，调相机的电枢电流极小，接近于零；过励时，调相机能从电网吸取超前的无功电流；欠励时，则从电网吸取滞后的无功电流。忽略调相机的全部损耗，电枢电流只有无功分量，过励时电流超前电压 $90°$，欠励时电流滞后电压 $90°$，只要调节励磁电流，就能灵活调节无功功率的性质和大小。

由于电力系统的大部分负载为感应电动机，它们要通过从电网中吸取一定的滞后无功电流来建立其磁场，致使整个电网的功率因数降低，线路的电压降和铜耗增大，电厂中同步发电机的容量不能有效利用。如果能在电网的受电端装设同步调相机，使其从电网吸收超前的无功电流，则电网的功率因数就可以得到改善。

4.4.2 调相机的特点及用途

同步调相机的额定容量是由在过励状态下的视在功率，即由过励时所能补偿的无功功率来确定的，这时的励磁电流称为额定励磁电流，容量主要受定、转子绕组温升的限制。

由于调相机不带任何机械负载，故可没有轴伸，轴也可细一些。部件所受的机械应力也较低，适当减少气隙长度和励磁绕组的用铜量可降低造价，使同步电抗增大。为了提高材料利用率，减小体积，调相机极数较少。

任务 4.5 同步电动机的电力拖动

4.5.1 同步电动机的起动

同步电动机正常运行时，转子与旋转磁场同步旋转，靠异性磁极之间的吸引力产生单一方向的电磁转矩，使转子保持同步转速运行。但在同步电动机起动时，如果把同步电动机直接投入电网并加上励磁电流，由于转子磁场静止不动，而定子旋转磁场以同步转速 n_1 对转子磁场作相对运动，如图 4-5-1（a）中所示，定、转子磁场间的相互作用产生的电磁转矩 T 会推动转子旋转。但转子的转动惯量使转子不可能立即加速到同步转速。于是在半个周期以后，定子磁场向前移动了一个极距，达到图 4-5-1（b）的位置，此时定子磁极对转子磁极的排斥力，将阻止转子的移动。由此可见，在一个周期内，作用在转子上的平均转矩为零，故同步电动机不能自行起动。

二维码 4-4 同步电机起动转矩

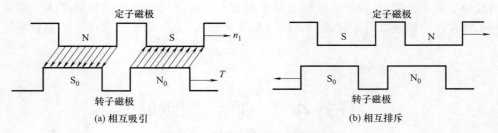

图 4-5-1 同步电动机的起动原理图

综上所述，同步电动机本身没有起动转矩，不能自行起动，因此要起动同步电动机，必须借助其他方法。同步电动机常用的起动方法有异步起动、辅助电动机起动和变频起动。

4.5.1.1 异步起动法

异步起动就是在同步电动机转子磁极上加装起动绕组，起动绕组结构如同异步电机的鼠笼绕组。在起动时，先不给励磁绕组励磁，同步电动机定子绕组接通电源，这时在旋转磁场作用下，起动绕组中产生感应电流，因而产生异步起动转矩，使同步电动机自行运行起来，这个过程叫作异步起动。当转速达 95％ 同步转速左右后，给同步电动机的励磁绕组通入直流，靠定子旋转磁场与转子磁场间的吸引力，产生同步转矩，将转子拉入同步，电动机就同步运行了，这个过程叫做牵入同步。

异步电动机的异步起动法可按图 4-5-2 进行接线，其起动过程可分为异步起动和牵入同步两个阶段。

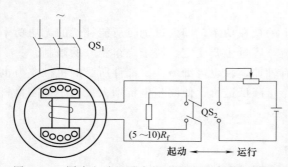

图 4-5-2 同步电动机异步起动法起动时原理接线图

（1）异步起动

将励磁绕组 R_f 与一个放电电阻（其电阻值为 $10R_f$）串接成闭合回路，即将图 4-5-2 中 S_2 合向左边。这是因为励磁绕组匝数多，起动时若励磁绕组开路，旋转磁场会在励磁绕组中产生较高的感应电压，导致励磁绕组的绝缘击穿；若励磁绕组直接短路，会产生一个较大的感应电流，它与旋转磁场互相作用，产生一个较大的附加转矩，影响电动机起动。

为解决上述异步起动问题，故在同步电动机起动时，将同步电动机定子绕组接入交流电源，在旋转磁场的作用下，使起动绕组中产生感应电流，因而产生异步起动转矩，同步电动机作为异步电动机起动。

（2）牵入同步

当同步电动机转速达到同步转速的 95％ 左右时，将图 4-5-2 中 QS_2 合向右边，切除了放电电阻，同时转子励磁绕组中通入直流电流，产生转子励磁磁场，定子旋转磁场与转子励磁磁场的速度非常接近，依靠两磁场间的相互引力产生同步转矩，将转子拉入同步，使转子跟着定子旋转磁场以同步转速旋转，即牵入同步运行。

4.5.1.2 辅助电动机起动法

辅助电动机起动是选用一台与同步电动机极数相同的小型异步电动机作为辅助电动机，起动时，先起动辅助电动机将同步电动机拖动到接近同步转速，然后将同步电动机投入电网，加入励磁，利用同步转矩把同步电动机转子牵入同步，同时切除辅助电动机电源，这种方法适用于同步电动机的空载起动。

4.5.1.3 变频起动法

由于恒频起动时，作用在转子上的平均转矩为零，使电动机无法自行起动。变频起动法是在起动前将转子加入直流，利用变频电源使频率从零缓慢升高，旋转磁场牵引转子缓慢同步加速，直至达到额定转速，起动完毕。这种方法多用于大型同步电动机的起动。

4.5.2 同步电动机的调速

同步电动机的转速严格与电源频率保持一致，可通过控制励磁来调节它的功率因数，可以在功率因数为 1 或超前功率因数下运行，这个突出的优点使它在一些特定的场合得到比较广泛的应用。但同步电动机也有起动困难、重载时容易振荡及存在失步危险的缺点，这些缺点一度限制了它的应用。随着电力电子技术的发展，新型变频器的出现及控制技术的发展，同步电动机和异步电动机一样都可以进行变频调速，为其广泛应用创造了条件。同步电动机的主要运行方式有三种，即作为发电机、电动机和补偿机运行。同步电动机的功率因数可以调节，在不要求调速的场合，应用大型同步电动机可以提高运行效率。近年来，小型同步电动机在变频调速系统中开始得到较多的应用。

4.5.2.1 自控变频同步电动机调速系统

用电动机轴上所带转子位置检测器来控制变频装置触发脉冲的系统称为自控式变频调速系统。对于自控式变频调速同步电动机系统，在电动机的轴上装有位置传感器，变频器的触发信号或通断信号由位置传感器决定，从而使变频器的频率追随电机的速度，可以消除一般同步电动机的失步和振荡问题。自控式同步电动机变频调速系统主要由同步电动机、变频器、转子位置传感器和控制装置等单元组成，如图 4-5-3 所示。

该系统的结构特点如下：

① 在电动机轴端，装一台转子位置检测器 BQ，由它发出的信号控制变压变频装置的逆变器 UI 换流，从而改变同步电动机的供电频率，保证转子转速与供电频率同步。调速时则由外部信号或脉宽调制（PWM）控制 UI 的输入直流电压。

② 从电动机本身看，它是一台同步电动机，但是如果把它和逆变器 UI 和转子位置检测器 BQ 合起来看，就像是一台直流电动机。直流电动机电枢里面的电流本来就是交变的，只是经过换向器和电刷才在外部电路表现

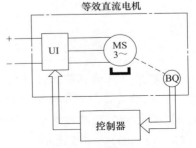

图 4-5-3 自控变频同步电动机
调速系统结构原理

为直流。这时，换向器相当于机械式的逆变器，电刷相当于磁极位置检测器。这里则采用电力电子逆变器和转子位置检测器替代机械式换向器和电刷。

自控式变频调速系统，可以采用交-直-交变频电源，称为直流无换向器电动机，也可以采用交-交变频电源，称为交流无换向器电动机。无刷电机则用永磁式同步电机，进一步取消了励磁滑环，故称无刷电机，目前多数为晶闸管变频器供电的小容量系统。

磁电动机控制系统有以下几个优点：

由于采用了永磁材料磁极，特别是采用了稀土金属永磁，因此容量相同时电机的体积小、重量轻；转子没有铜损和铁损，又没有滑环和电刷的摩擦损耗，运行效率高；转动惯量

小、允许脉冲转矩大，可获得较高的加速度，动态性能好；结构紧凑，运行可靠。

4.5.2.2 他控式变频同步电动机调速系统

用独立的变频装置给同步电动机提供变频变压电源的称为他控式变频同步电动机调速系统，该系统采用独立的变频装置给同步电动机提供变压交频电源。若电磁转矩的自整步能力能带动转子及负载与定子磁场的变化而保持同步，变频调速成功。如果频率变化较快，且负载较重，定、转子磁场的转速差较大，电磁转矩使转子转速的增加跟不上定子磁场转速的增加而出现失步，变频调速失败。因此，由于该系统没有解决同步电动机的失步、振荡等问题，所以在实际的调速场合很少使用。

[实践操作2] 三相同步电动机的起动和 V 形曲线的测定

1. 任务说明

（1）练习三相同步电动机的异步起动。

（2）测定三相同步电动机的 V 形曲线。

2. 任务准备

三相同步电动机的异步起动，实践操作如图 4-5-4 所示。

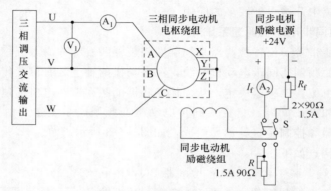

图 4-5-4　三相同步电动机异步起动原理图

起动同步电动机前注意事项：

① 起动前，同步电动机的励磁电路不允许开路，以免产生过高的感应电动势击穿励磁绕组，故起动时励磁回路中需要串接数值适应的电阻 R，其阻值约为励磁绕组电阻值的 8～10 倍（约 90Ω），不宜过小。

② 起动电压需经调压器降压，一般降至 $60\%U_N$ 左右。

③ 起动时，应将电流表、功率表及功率因数表的电流线圈短接，以免在起动时产生冲击电流损坏仪表。

④ 无论是降压或直接起动同步电动机，应注意电动机的转向是否符合所规定的方向，否则励磁机将不能建立。

3. 任务操作

（1）操作步骤

① 异步起动操作步骤。

用导线把功率表电流线圈及交流电流表短接，开关 S 闭合于同步电动机励磁电源一侧，将三相交流调压器输出调节为零。接通电源总开关，并按下电源按钮 Q，调节同步电动机励磁电源（＋24V）调压旋钮及电阻 R_f 阻值，使同步电机励磁电流 I_f 约 0.7A 左右。关闭电源，将开关 S 投向电阻侧，使励磁绕组经电阻 R 形成闭合回路（电阻 R 置到最大值），按下电源按钮 Q，并调节调压器输出电压，电动机开始转动，当同步电动机的转速接近同步转速时，迅速将开关 S 由电阻侧投入励磁电源端，给同步电动机强行励磁牵入同步。

调节调压器输出电压，使升压至同步电动机额定电压 220V，并调节励磁机的磁场变阻器 R_f，使电动机电枢电流为最小值，至此，起动过程完毕。把功率表、交流电流表短接线拆掉，使仪表正常工作。

②V 形曲线的测定操作步骤。

V 形曲线为电动机的电压 $U=U_N$、频率 $f=f_N$、$P_2=$ 常数时的 $I=f(I_f)$ 曲线。实验图如图 4-5-5 所示。

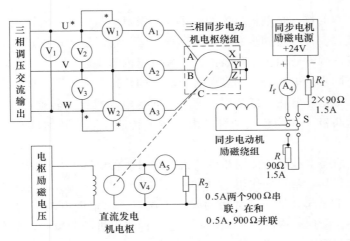

图 4-5-5　三相同步电动机实验接线图

测定 $P_2=0$ 时的 V 形曲线：

如实验图 4-5-5 所示，此时被同步电动机所拖动的直流发电机励磁绕组开路，即同步发电机无励磁，除少量机械损耗外，无输出功率，此时电动机处于空载状态。按上述同样的方法起动同步电动机，起动完毕后。增加同步电动机的励磁电流 I_f，使其电枢电流（即电流表 A_1、A_2、A_3 的读数）增加到 $1.2I_N$（$I_N=0.35A$）为止，然后逐渐减小励磁电流 I_f，使电动机电枢电流由 $1.2I_N$ 减小到最小值，此时电动机的功率因数为 1（功率因数可以通过功率表读取）。再继续减小励磁电流 I_f，则电枢电流又开始回升，但不宜超过 $1.2I_N$（即直到电动机趋于不稳定为止）。记录电动机的电枢电流 I 及励磁电流 I_f 及功率因数 $\cos\varphi$，共记录 6 组数据填入表 4-5-1 中。

对同步电动机进行励磁，建立电压，并带上负载，使电动机输出功率 P_2 为定值（取 $\cos\varphi=1$ 时，$I=I_{N/2}$，重复上述实验，并将数据记录于实验表 4-5-1 中。

表 4-5-1　V 形曲线的数据

序号	$P_2=0$			$P_2=$ 定值		
1						
2						
3						

续表

序号	$P_2=0$			$P_2=$定值		
4						
5						
6						

（2）实验报告

① 根据实验内容，填写表 4-5-1。

② 作 $P_2=0$ 时同步电动机的 V 形曲线 $I=f(I_f)$，并说明定子电流的性质。

③ 作 $P_2=$ 定值时同步电动机的 V 形曲线 $I=f(I_f)$，并说明定子电流的性质。

[项目小结]

同步电机最基本的特点是电枢电流的频率和磁极对数与转速有着严格的关系。在结构上一般采用旋转磁极式。在分析同步发电机对称稳态运行情况下的电磁过程时，电枢反应占有重要地位。电枢反应的性质取决于负载的性质和电枢内部参数。

同步电动机与同步发电机的区别在于有功功率的传递方向不同。同步电动机最突出的优点是功率因数可以根据需要在一定范围内调节。同步电动机转子转速与旋转磁场转速相同，常用的结构形式为凸极式和隐极式两种。由于转子转速以同步转速旋转，因此与负载大小无关。

同步调相机实质是空载运行的同步电动机。它对改善电网的功率因数、保持电压稳定及电力系统的经济运行起着重要的作用

同步电动机由于无起动转矩，常用的起动方法有：①辅助电动机起动法；②变频起动法；③异步起动法。应用最广泛的是异步起动法。同步电机的调速主要是变频调速，通常采用的是自控式变频调速系统。

[项目综合测试]

一、填空题

1. 在同步电机中，只有存在_____电枢反应才能实现机电能量转换。

2. 同步发电机并网的条件是：（1）_____；（2）_____；（3）_____。

3. 同步发电机在过励磁时，从电网吸收_____，产生_____电枢反应；同步电动机在过励磁时，向电网输出_____，产生_____电枢反应。

4. 凸极同步电机转子励磁匝数增加，将使 X_q 和 X_d _____。

5. 凸极同步电机气隙增加，将使 X_q 和 X_d _____。

6. 凸极同步发电机与电网并联，如将发电机励磁电流减为零，此时发电机电磁转矩为_____。

二、选择题

1. 同步发电机的额定功率（　　）。

A. 转轴上输入的机械功率　　　　B. 转轴上输出的机械功率

C. 电枢端口输入的电功率　　　　D. 电枢端口输出的功率

2. 同步发电机稳态运行时，若所带负载为感性 $\cos\psi=0.8$，则其电枢反应的性质为（　　）。

A. 交流轴电枢反应　　　　　　　B. 直流轴去磁电枢反应

C. 直流轴去磁与交流轴电枢反应　　D. 交流轴增磁与交流轴电枢反应

3. 同步发电机稳定短路电流不是很大的原因是（   ）。

A. 漏阻抗较大   B. 短路电流产生去磁作用较强

C. 电枢反应产生增磁作用   D. 同步电抗较大

4. 同步发电机带容性负载时，其调整特性是一条（   ）。

A. 上升的曲线   B. 水平直线

C. 下降的曲线

5. 同步补偿机的作用是（   ）。

A. 补偿电网电力不足   B. 改善电网功率因数

C. 作为用户的备用电源   D. 作为同步发电机的励磁电源

三、判断题

1. 负载运行的凸极同步发电机，励磁绕组突然断线，则电磁功率为零。（   ）

2. 同步发电机的功率因数总是滞后的。（   ）

3. 一并联在无穷大电网上的同步电机，要想增加发电机的输出功率，必须增加原动机的输入功率，因此原电动机输入功率越大越好。（   ）

4. 改变同步发电机的励磁电流，只能调节无功功率。（   ）

5. 同步发电机静态过载能力与短路比成正比，因此短路比越大，静载稳定性越好。（   ）

6. 同步发电机电板反应的性质取决于负载的性质。（   ）

7. 同步发电机的短路特性曲线与其空载特性曲线相似。（   ）

8. 同步发电机的稳态短路电流很大。（   ）

9. 利用空载特性和短路特性可以测定同步发电机的直流轴同步电抗和交流轴同步电抗。（   ）

四、简答题

1. 测定同步发电机的空载特性和短路特性时，如果转速降至 $0.95n_1$，对试验结果有什么影响？

2. 为什么大容量同步电机采用磁极旋转式而不用电枢旋转式？

3. 为什么同步电机的气隙要比容量相同的感应电机大？

4. 同步发电机电枢反应性质由什么决定？

5. 为什么同步发电机的短路特性是一条直线？

6. 同步电动机为什么要借助其他方法起动？试述同步电动机常用的起动方法。

项目5
控制电机的认知

[项目导论]

　　随着科学技术的进步，尤其智能制造的飞速发展，各领域都大量地应用现代化新技术，比如各种类型的自动控制系统、遥测装置和解算装置等，所以需要各种类型的电机。本项目在熟悉一般旋转电机基本理论的基础上，扼要地介绍几种有特殊性能的常用电机，包括交、直流伺服电动机，交直流测速发电机及步进电动机等的工作原理、基本结构及其特性，同时对自整角机、旋转变压器作简单介绍，以便在以后学习工作中正常使用。

[能力目标]

　　1. 能完成交、直流伺服电动机的接线。

　　2. 能完成交流测速发电机的接线。

　　3. 能进行步进电动机基本特性的测定。

项目 5 导学

[相关知识]

　　1. 交、直流伺服电动机的结构和工作原理。

　　2. 步进电动机的原理。

　　3. 步进电动机的运行特性。

　　4. 交、直流测速发电机工作原理和误差分析。

　　5. 自整角机结构与原理。

　　6. 旋转变压器的结构与原理。

任务 5.1　伺服电动机

5.1.1　伺服电动机的功能和特点

　　伺服电动机的功能是将输入的电压信号（控制电压）转换成轴上的角位移或角速度输出，在自动控制系统中常作为执行元件，所以又称为控制电动机或执行电动机。它的工作特点是有控制电压时转子立即旋转，无控制电压时转子立即停转，工作状态受控于控制电压。转轴转向和转速是由控制电压的方向和大小决定的。伺服电动机的命名正是由这种工作特点所决定的。

　　为了达到自动控制系统的要求，伺服电动机应具有以下特点：

　　① 宽广的调速范围：伺服电动机的转速随着控制电压的改变能在宽广的范围内连续调节。

　　② 机械特性和调节特性均为线性：伺服电动机的机械特性是指控制电压一定时，转速随转矩的变化关系；调节特性是指电动机的转矩一定时，转速随控制电压的变化关系。

③ 无"自转"现象：伺服电动机在控制电压为零时能立即自行停转。

④ 快速响应：电动机的机电时间常数要小，相应的伺服电动机有较大的堵转转矩和较小的转动惯量，使电动机的转速能随着控制电压的改变而迅速变化。此外，还要求伺服电动机的控制功率要小，从而减小放大器的尺寸；在航空上使用的伺服电动机还要求其重量轻，体积小。

以供电电源是直流还是交流划分，伺服电动机可分为交流伺服电动机和直流伺服电动机两大类。

5.1.2 直流伺服电动机

5.1.2.1 直流伺服电动机基本结构

直流伺服电动机有传统型和低惯量型两类。低惯量型又有圆盘电枢型、空心杯形电枢型、无槽电枢型和无刷型等类型。

（1）传统直流伺服电动机

传统直流伺服电动机就是他励直流电动机，二者结构基本相同，也由定子和电枢组成。根据励磁方式不同，又可分为电磁式和永磁式两种。电磁式伺服电动机的定子磁极装有励磁绕组，励磁绕组接励磁电压产生磁通，我国生产的 SZ 系列直流伺服电动机就属于这种结构；永磁式伺服电动机的磁极是永磁铁，其磁通不可控，我国生产的 SY 系列直流伺服电动机就属于这种结构。传统直流伺服电动机的转子与普通直流电动机相同，一般由硅钢片叠压而成，转子外圆有槽，电枢绕组嵌放在槽中，经换向器和电刷引出。

（2）圆盘电枢直流伺服电动机

圆盘电枢直流伺服电动机的结构示意图如图 5-1-1 所示。它的定子由永久磁铁和前后铁轭组成，其气隙磁力线与普通电动机的径向不同，是轴向的。气隙位于装有电枢绕组的圆盘两边，电枢绕组有绕线绕组和印制绕组两种。绕线绕组沿圆周径向以一定规律排列，再用环氧树脂浇注固定成圆盘形。绕组的径向段为有效部分，弯曲段为端接部分，所以电枢绕组中的电流沿径向流过圆盘表面，与轴向的磁通相互作用产生电磁转矩，使伺服电动机旋转。印制绕组的制作工艺与印制电路板类似，如图 5-1-2 所示，可以采用单面或双面印制，也可以是多层印制板重叠在一起，它用电枢的端部（近轴部分）兼作换向器，不用另外设置换向器。

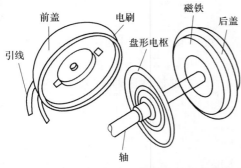

图 5-1-1　圆盘电枢直流伺服电动机的结构

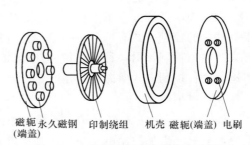

图 5-1-2　印制绕组直流伺服电动机

（3）空心杯电枢直流伺服电动机

图 5-1-3 是空心杯电枢直流伺服电动机结构图。空心杯形电枢直流伺服电动机的定子有

两个：一个是内定子，由软磁材料制成，起导磁作用；一个是外定子，由永磁材料制成，产生主磁通。转子由单个成型线圈沿轴向排列成空心杯形，用环氧树脂浇注制成空心杯形圆筒，转子轻，转动惯量小，响应快速，转子在内、外定子之间旋转，气隙较大。杯形转子直流伺服电动机在国外已经系列化生产，输出功率从零点几瓦至五千瓦，多用于高精度自动控制系统及测量装置等设备中，如电视摄影机、各种录音机、机床控制系统等。其用途日益广泛，是今后直流伺服电动机的发展发方向。

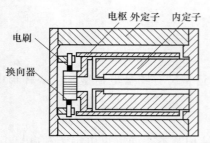

图 5-1-3　空心杯电枢直流伺服电动机的结构

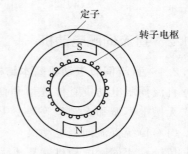

图 5-1-4　无槽电枢直流伺服电动机的结构

（4）无槽电枢直流伺服电动机

无槽电枢直流伺服电动机的电枢铁芯表面不开槽，绕线排列在光滑的铁芯表面，用环氧树脂将绕组和铁芯浇注成一体，其他结构和有槽电枢结构相同。图 5-1-4 是无槽直流伺服电动机的结构图。

无槽直流伺服电动机的优点是：转动惯量小，起动转矩大，反应快，灵敏度高，换向性能良好，稳定性高。主要用于要求快速动作、功率较大的系统。例如数控机床和雷达天线驱动等方面。

5.1.2.2　直流伺服电动机基本工作原理

直流伺服电动机实质上就是他励直流电动机。由 $U_a = E_a + I_a R_a$ 及 $E_a = C_e \Phi n$ 可以得到

$$n = \frac{U_a - I_a R_a}{C_e \Phi} \tag{5-1-1}$$

式中，U_a 为电枢电压；E_a 为电枢电动势；I_a 为电枢电流；R_a 为电枢回路总电阻；n 为转速；Φ 为每极主磁通；C_e 为电动势常数，$C_e = pN/(60a)$，p 为极对数，N 为电枢导体总数，a 为电枢绕组并联支路对数。

该式表明：改变电枢电压 U_a 和改变励磁磁通 Φ 都可以改变电动机的转速。因而直流伺服电动机的控制方式有两种：一是把控制信号作为电枢电压 U_a 来控制电动机的转速，这种方式叫电枢控制；另一种是把控制信号加在励磁绕组上，通过控制磁通 Φ 来控制电动机的转速，这种控制方式叫磁场控制。

（1）电枢控制

如图 5-1-5（a）示，在励磁回路上加恒定不变的励磁电压 U_f 以保证控制过程中磁通 Φ 不变，电枢绕组加控制电压信号。当电动机的负载转矩 T_L 不变时，升高电枢电压 U_a，电动机的转速就升高；反之降低电枢电压 U_a，转速就降低。在 $U_a = 0$ 时，电动机不转。当电枢电压改变极性时，电动机反转。因此把电枢电压作为控制信号，可实现对电动机的转速控制。下面分析改变电枢电压 U_a 电动机转速变化的物理过程。

开始时，电动机所加的电枢电压为 U_{a1}，转速为 n_1 其产生的反电动势为 E_{a1}，电枢电流为 I_{a1}，根据电压平衡方程式

$$U_{a1}=E_{a1}+I_{a1}R_{a1}=C_e\Phi n_1+I_{a1}R_{a1}$$

电动机产生的电磁转矩：

$$T_e=C_t\Phi I_{a1} \tag{5-1-2}$$

由于电动机处于稳态，电磁转矩 T_e 和电动机轴上的总阻转矩 T_s 相平衡，即 $T_e=T_s$。由于负载转矩 T_L 不变，可认为 T_s 也近似不变。

当电枢电压升高到 U_{a2} 时，起初由于电动机的惯性，电动机转速不能跃变，而仍为 n_1，因而反电动势仍为 E_{a1}。由式可知，为保持电压平衡，I_{a1} 应增加到 I_{a2}，因此电磁转矩应由 $T_e=C_t\Phi I_{a1}$ 增加到 $T'_e=C_t\Phi I_{a2}$。于是电磁转矩 T'_e 大于轴上的总阻转矩 T_s，使电动机加速。随着转速升高，反电动势 E_a 增加。为了保持电压平衡关系，电枢电流和电磁转矩都要下降，直到电枢电流恢复到原值 I_{a1}，于是电磁转矩和总阻转矩又重新平衡，电动机达到新的稳态。此时是在更高转速 n_2 时的新平衡状态。这就是电动机的转速 n 随电压 U_a 升高而升高的物理过程。同理，电枢电压降低时，电动机转速 n 下降。

（2）磁场控制

磁场控制是在电枢绕组上加恒定电压 U_a，而励磁回路加控制电压信号，如图 5-1-5（b）所示。

尽管磁场控制也可达到改变控制电压来改变转速的大小和旋转方向的目的，但因随着控制信号减弱其机械特性变软，调节特性是非线性的，所以很少用。

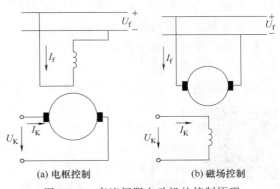

5.1.2.3 直流伺服电动机机械特性

直流伺服电动机机械特性与他励电动机一样，可用下式表示：

(a) 电枢控制　　　　(b) 磁场控制

图 5-1-5　直流伺服电动机的控制原理

$$n=\frac{U_a}{C_e\Phi}-\frac{R_a}{C_eC_t\Phi^2}T \tag{5-1-3}$$

图 5-1-6 为直流伺服电动机的机械特性曲线。由图可见：在一定负载转矩下，磁通不变时，电动机转速随电枢电压的升高而升高，随电枢电压的下降而下降。电枢电压为零时，电动机立即停转。

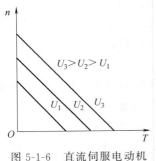

图 5-1-6　直流伺服电动机的机械特性曲线

要改变电动机转向，只需改变电枢电压极性。

5.1.2.4 直流伺服电动机的应用

图 5-1-7 是精密机床工作台精确定位系统原理图。直流伺服电动机在机床工作台精确定位系统中作为执行元件，由偏差电压 ΔU 控制，用于驱动机床工作台。运算控制电路将位置指令转换为电压信号作为系统的输入信号电压 U_1。输入信号电压 U_1 和位置检测装置的输出电压 U_f 相比较后，偏差电压 ΔU 通过直流放大器去控制伺服电动机的运转，从而控制机床工作台的移动。工作台经多次自动地前、后移动，最终精确地停留在指定位置上。

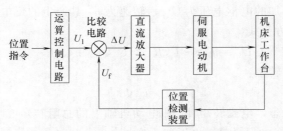

图 5-1-7　精密机床工作台精确定位系统原理图

5.1.3　交流伺服电动机

5.1.3.1　交流伺服电动机基本结构

交流伺服电动机实质上是两相交流电动机，其构造基本上与电容分相式单相异步电动机相似，其定子上装有两个空间位置互差 90°电角度的两相绕组。工作时励磁绕组与交流励磁电源相连，控制绕组加控制信号电压。转子的形式通常有三种：笼型转子、非磁性空心杯转子和铁磁性空心杯转子。由于铁磁性空心杯转子应用比较少，所以我们仅介绍前两种结构。

（1）笼型转子交流伺服电动机

笼型转子交流伺服电动机的转子结构与普通鼠笼式异步电动机类似，但为了减少转子的转动惯量，做得细而长。转子笼的导条及端环可用高电阻率的导电材料（黄铜、青铜等）制造，也可用铸铝转子。国产的 SL 系列就采用这种结构形式。

二维码 5-1　伺服
电机结构

（2）非磁性空心杯形转子交流伺服电动机

非磁性空心杯形转子两相感应伺服电动机的结构如图 5-1-8 所示。它的定子分为外定子和内定子两部分，内、外定子铁芯通常均由硅钢片叠成。外定子铁芯槽中放置空间相差 90°电角度的两相交流绕组，内定子铁芯中一般不放绕组，仅作为磁路的一部分，以减少主磁通磁路的磁阻。在内、外定子之间有细长的空心转子装在转轴上，空心转子做成杯子形状，所以称为空心杯形转子。空心杯是由非磁性材料铝或铜制成，它的杯壁极薄，一般在 0.3mm 左右，杯形转子套在内定子铁芯外，并通过轴可以在内、外定子之间的气隙中自由转动，而内、外定子是不动的。

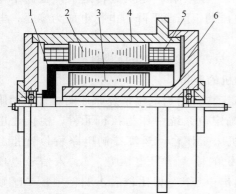

图 5-1-8　空心杯形转子交流伺服电动机结构
1—杯形转子；2—外定子；3—内定子；
4—机壳；5—定子绕组；6—端盖

杯形转子和笼型转子虽然外表形状看起来不一样，但实质上是一样的，因为杯形转子可以看做是导条数目非常多、条与条之间紧靠在一起而两端自行短路的笼型转子。与笼型转子比较，非磁性杯形转子转动惯量小，轴承摩擦阻转矩小。由于它的转子没有齿和槽，所以定、转子间没有齿槽黏合现象，转矩不会随转子的位置不同而发生变化，恒速旋转时，转子一般不会有抖动现象，运转平稳。但由于其内、外定子间的气隙较大（杯壁的厚度加上杯壁两边的气隙），所以励磁电流就大，功率因数低，降低了电动机的利用率，因而在相同的体积与重量下，在一定的功率范围内，杯形转子伺服电动机比笼型转子伺服电动机所产生的转矩和输出功率都小。另外，杯形转子伺服电动机的结构与制造工艺都较复杂。因此目前广泛应用的是笼型转子伺服电动机，只有在要求转动惯量小、反应快以及要求转动非常平稳的某些特殊场合下，才用非磁性空心杯形转子伺服电动机。

5.1.3.2　交流伺服电动机工作原理

图 5-1-9 是交流伺服电动机原理图，其中励磁绕组和控制绕组均装在定子上，它们在空间上相差 90°电角度。其中励磁绕组由定值的交流电压供电，控制绕组由输入信号（交流控制电压 U_c）供电。

二维码 5-2　伺服电机工作原理

交流伺服电动机的工作原理与具有辅助绕组的单相异步电动机相似，它在系统中运行时，励磁绕组固定接到单相交流电源上，当控制电压为零时，气隙内磁场仅有励磁电流 I_f 产生的脉振磁场，电动机无起动能力，转子不转；若控制绕组有控制信号输入，则控制绕组内有控制电流 I_c 通过，若使 I_c 与 I_f 不同相，则将在气隙内建立一定大小的旋转磁场，电动机就能自行起动；但一旦受控起动后，即使信号消失，即控制电压除去，电动机仍能继续运行，这样，电动机就失去控制作用。单相交流伺服电动机这种失控而自行旋转的现象，称为自转。显然，自转现象是不符合可控性要求的，如何克服单相交流伺服电动机的自转呢？

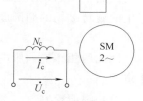

图 5-1-9　交流伺服电动机原理图

从单相异步电动机理论可知，单相绕组通过电流产生的脉振磁场可以分解为正向旋转磁场和反向旋转磁场，正向旋转磁场产生正转矩 T_1 起拖动作用，反向旋转磁场产生负转矩 T_2，起制动作用，正转矩 T_1 和负转矩 T_2 与转差率 s 的关系如图 5-1-10 虚线所示，电磁转矩 T_{cm} 应为正转矩 T_1 和负转矩 T_2 的合成，在图中用实线表示。

如果交流伺服电动机的电机参数与一般的单相异步电动机一样，那么转子电阻较小，机械特性如图 5-1-10（a）所示，当电机正向旋转时，$s_1 < 1$，$T_1 > T_2$，合成转矩即电磁转矩 $T_{cm} = T_1 - T_2 > 0$，所以控制电压消失后（即 $U_c = 0$），电机在只有励磁绕组通电的情况下运行，仍有正向电磁转矩，电机转子仍会继续旋转，只不过电机转速稍减小，于是产生"自转"现象而失控。

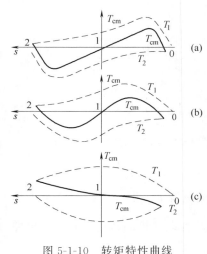

图 5-1-10　转矩特性曲线

自转的原因是控制电压消失后，电机仍有与原转速方向一致的电磁转矩。消除"自转"的方法是消除与原转速方向一致的电磁转矩，同时产生一个与原转速方向相反的电磁转矩，使电机在 $U_c = 0$ 时停止转动。

可以通过增加转子电阻的办法来消除自转。增加转子电阻后，正向旋转磁场所产生的最大转矩 T_{m1} 时的临界转差率 s_{m1} 为

$$s_{m1} \approx \frac{r_2'}{x_1 + x_2'} \tag{5-1-4}$$

s_{m1} 随转子电阻 r_2' 的增加而增加，而反向旋转磁场所产生的最大转矩所对应的转差率 $s_{m2} = 2 - s_{m1}$ 相应减小，合成转矩即电机电磁转矩则相应减小，如图 5-1-10（b）所示。如增加转子电阻到足够大，使正向磁场产生最大转

矩时的 $s_{m1}>1$，使正向旋转的电机在控制电压消失后的电磁转矩为负值，即为制动转矩，使电机制动到停止；若电机反向旋转，则在控制电压消失后的电磁转矩为正值，也为制动转矩，也使电机制动到停止，从而消除自转现象，如图 5-1-10（c）所示，所以要消除交流伺服电动机的自转现象，在设计电机时，必须满足：

$$s_{m1} \approx \frac{r_2'}{x_1 + x_2'} \geqslant 1 \qquad (5\text{-}1\text{-}5)$$

增大转子电阻 r_2' 不仅可以消除自转现象，还可以扩大交流伺服电动机稳定运行的范围。但转子电阻过大，会降低起动转矩，从而影响快速响应性能。

5.1.3.3　控制方式

前已述及，两相感应伺服电动机运行时，其励磁绕组接到电压为 U_f 的交流电源上，通过改变控制绕组电压 U_c，控制伺服电动机的起、停及运行转速。由电机学原理可知，不论改变控制电压的大小还是它与励磁绕组电压之间的相位角，都能使两相绕组在电动机气隙中产生的旋转磁场的椭圆度发生变化，从而改变电动机的转矩-转速特性及一定负载转矩下的转速。

因此两相感应伺服电动机的控制方式有以下三种：①幅值控制；②相位控制；③幅值-相位控制。

（1）幅值控制

采用幅值控制时，励磁绕组电压始终为额定励磁电压 U_{fN}，通过调节控制绕组电压的大小来改变电动机的转速，而控制电压 $\dot{U}_C$ 与励磁电压 $\dot{U}_f$ 之间的相位角始终保持在 90°电角度。其原理电路和电压相量图如图 5-1-11 所示。当控制电压 $\dot{U}_C=0$ 时，电动机停转。

（2）相位控制

采用相位控制时，控制绕组和励磁绕组的电压大小均保持额定值不变，通过调节控制电压的相位，即改变控制电压与励磁电压之间的相位角 β，实现对电动机的控制。相位控制时的原理电路和电压相量图如图 5-1-12 所示。当 $\beta=0°$ 时，两相绕组产生的气隙合成磁场为脉振磁场，电动机停转。

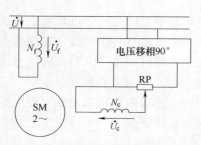

图 5-1-11　交流伺服电动机幅值控制接线图

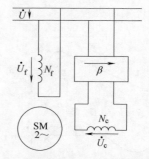

图 5-1-12　交流伺服电动机相位控制接线图

（3）幅值-相位控制（或称电容控制）

这种控制方式是将励磁绕组串联电容 C 以后，接到交流电源 $\dot{U}_1$ 上，而控制绕组电压 $\dot{U}_c$ 的相位始终与 $\dot{U}_1$ 相同，通过调节控制电压 $\dot{U}_c$ 的幅值来改变电动机的转速，其原理电路如图 5-1-13 所示。

采用幅值-相位控制时，励磁绕组电压 $\dot{U}_\mathrm{f}=\dot{U}_1-\dot{U}_\mathrm{c}$，电压调节控制绕组电压的幅值改变电动机的转速时，由于转子绕组的耦合作用，励磁绕组电压 $\dot{U}_\mathrm{f}$ 会发生变化，使励磁绕组电压 $\dot{U}_\mathrm{f}$ 及串联电容上的电压也随之改变，因此控制绕组电压 $\dot{U}_\mathrm{c}$ 和励磁绕组电压 $\dot{U}_\mathrm{f}$ 的大小和它们之间的相位角 β 都随之变化，故称为幅值-相位控制，也称为电容控制。这种控制方法不需要复杂的移相装置，利用串联电容就能在单相交流电源上获得控制电压和励磁电压的分相，所以设备简单、成本较低，是实际应用中最常见的一种控制方式。

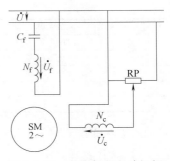

图 5-1-13   交流伺服电动机幅-相控制接线图

5.1.3.4   交流伺服电动机的应用

图 5-1-14 是自动测温系统原理框图。交流伺服电动机在自动测温系统中作为执行元件，由偏差电压 ΔU 控制，用于驱动显示盘指针和电位计的滑动触头。热电偶将被测温度转换为系统的输入信号电压 U_1；比较电路的输出电压 $\Delta U=U_1-U_\mathrm{f}$ 经调制器调制为交流电压，再由交流放大器进行功率放大后驱动交流伺服电动机的控制绕组，使交流伺服电动机转动，从而带动显示盘指针转动、电位计滑动触点移动，电位计的输出电压 U_f 发生相应变化，使偏差电压 ΔU 逐步减小，至 $\Delta U=U_1-U_\mathrm{f}=0$ 时，交流伺服电动机停转，显示盘指针停留在相应于输入信号电压 U_1 的刻度上。

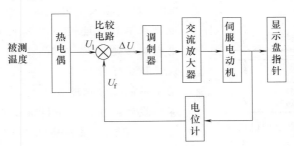

图 5-1-14   自动测温系统原理框图

[实践操作 1]   伺服电动机的实际接线

1. 任务说明

作为自控系统中的重要元件，控制电机性能好坏影响极大。现代自控系统除要求其体积小、重量轻、耗电少外，还要求其有高可靠性、高精度和快速响应。在一些特殊环境下和特殊系统中工作，还会有特殊的要求。所以，伺服电动机的接线在实际应用中非常重要。

2. 任务准备

本实验所需的设备见表 5-1-1。

表 5-1-1   交、直流伺服电动机任务实施所需设备、工器具

序号	名称	规格	数量	单位
1	交流伺服驱动器一套	1.5kW 以下	1	套
2	直流伺服电动机驱动器	1.5kW 以下	1	套
3	交流伺服电动机	1kW 以下	1	台
4	直流伺服电动机	1kW 以下	1	台

续表

序号	名称	规格	数量	单位
5	常用电工工具		1	套
6	交流电源	220V	1	组
7	直流电源	110V	1	组
8	万用表	47 型	1	块
9	软导线		若干	

3. 任务操作

（1）操作步骤

① 交流伺服电动机的实际接线。

a. 定子绕组的判别：用万用表欧姆 R×10 或 R×100 挡（根据电动机容量的大小选择，容量大的挡位小）分别测量电动机的四个出线端，应有两组相通。因为励磁绕组导线较粗，匝数相对较少，则阻值较小的一组为励磁绕组（U、V 端），而控制绕组导线较细，匝数相对较多，阻值较大一组即为控制绕组（W、G 端）；继续测量控制绕组两个出线端对地电阻，阻值为"零"的为接地端（G 端），将测量结果做好记号。

b. 正确接线：交流伺服电动机按图 5-1-15 所示进行。

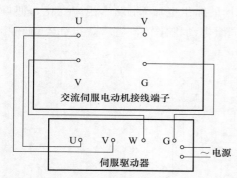

图 5-1-15　交流伺服电动机接线图

c. 通电试验：伺服电动机伺服驱动器功率和电压一定要匹配。检查交流伺服电动机和伺服驱动器接线无误后，将伺服驱动器速度调节旋钮调至"零"位，接入交流电源，观察电动机状态，此时，电动机不转。慢慢调整伺服驱动器速度调节旋钮，电动机转速应从"零"逐渐上升，说明接线正确。改变控制信号的接线端可改变电动机的转向。若电动机不能正常调速或换向，应用万用表电压挡检测各接线端电压，从而判断并排除故障。

② 直流伺服电动机的实际接线。

a. 定子绕组的判别：用万用表欧姆 R×10 或 R×100 挡分别测量电动机的四个出线端，应有两组相通。因为励磁绕组导线较细，匝数相对较多，则阻值较大的一组为励磁绕组（F_1、F_2 端），而控制绕组导线较粗，匝数相对较少，一般阻值较小的一组即为控制绕组（S_1、S_2 端），将测量结果做好记号。

b. 正确接线：直流伺服电动机按图 5-1-16 所示进行接线。

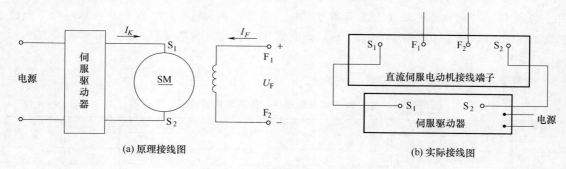

(a) 原理接线图　　　　　　(b) 实际接线图

图 5-1-16　直流伺服电动机接线图

　　c. 通电试验。检查直流伺服电动机和伺服驱动器接线无误后，将伺服驱动器速度调节旋钮调至"零"位，接入电源，观察电动机状态，此时，电动机不转。慢慢调整伺服驱动器速度调节旋钮，电动机转速应从"零"逐渐上升，说明接线正确。如果励磁绕组和控制绕组电压相同，直流伺服电动机和伺服驱动器也可共用一个电源。改变控制信号的极性或改变励磁绕组电源极性，电动机的转向应改变。若电动机不能正常调速或换向，应用万用表电压挡检测各接线端电压，从而判断并排除故障。

　　（2）注意事项

　　① 学生操作时，一定要注意人身和设备的安全。

　　② 遇异常情况，应立即断开电源，待处理好故障后，再继续试验。

　　（3）检查评议

　　实践操作成绩按表 5-1-2 给定。

表 5-1-2　实践操作评分表

序号	主要内容	考核要求	评 分 标 准	配分
1	任务准备	1. 工具、材料、仪表准备完好 2. 穿戴劳保用品	1. 工具、材料、仪表准备不充分，每项扣 5 分 2. 劳保用品穿戴不齐备，扣 10 分	20
2	绕组判别	1. 仪表使用 2. 绕组判别	1. 仪表使用不正确，扣 10 分 2. 不能正确判别各绕组出线端，扣 15 分	25
3	正确接线	1. 仪表接线 2. 电源接线	1. 仪表接线错误，扣 15 分 2. 电源接线错误，扣 10 分	25
4	通电试验	1. 试验方法 2. 试验步骤	1. 通电试验方法不正确，扣 10 分 2. 通电试验步骤不正确，扣 10 分	20
5	安全文明生产	1. 现场整理 2. 设备、仪表 3. 工具 4. 遵守课堂纪律、尊重老师、时间把握	1. 未整理现场，扣 10 分 2. 损坏设备、仪器，扣 10 分 3. 工具遗忘，扣 10 分 4. 不遵守课堂纪律或不尊重老师，延误时间等，取消操作	10
时间	15 分钟	开始	结束　　　　合计	

任务 5.2　测速发电机

5.2.1　测速发电机概述

　　在自动控制系统及计算装置中，测速发电机是一种检测元件，其基本任务是将机械转速转换为电气信号，具有测速、阻尼及计算的职能。

　　测速发电机的用途有：产生加速或减速信号（输出电压）；在计算装置中用作微分元件；在旋转机械系统用作恒速控制等。

　　按照测速发电机的功能，对它的要求有：输出电压与转速成严格的线性关系，即系数 $U = f(n)$ 是一直线，以达到高的精确度，$U = f(n)$ 特性曲线的斜率要大，即转速变化所引起的电压变化要大，以满足灵敏度的要求；作为微分元件时，应着重考虑线性误差要小。

　　根据输出电压的不同，测速发电机可以分为直流测速发电机和交流测速发电机两大类。

5.2.2　直流测速发电机

5.2.2.1　直流测速发电机基本结构

直流测速发电机在结构上与普通的小型直流发电机相同，由定子、转子、电刷和换向器四个部分组成，直流测速发电机通常是两极发电机。根据励磁方式可分为他励式和永磁式两种。他励式测速发电机磁极由铁芯和励磁绕组构成，在励磁绕组中通直流电流便可以建立极性恒定的磁场。它的励磁绕组电阻会因发电机工作温度的变化而变化，使励磁电流及其生成的磁通随之变化，产生线性误差。永磁式测速发电机的磁极由永久磁铁构成，一般为凸极式，转子上有电枢绕组和换向器，通过电刷与外电路连接。由于不需要励磁电源，磁极的热稳定性较好，磁通随发电机工作温度的变化而变化的程度很小，其输出特性线性度较好，在实际中得到广泛应用。缺点是易受机械振动的影响而引发不同程度的退磁。

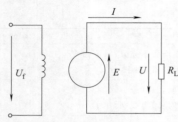

图 5-2-1　直流测速发电机

5.2.2.2　直流测速发电机工作原理

直流测速发电机（图 5-2-1）分为永磁式和他励式两种，前者的定子磁极用永磁材料（如铝-镍-钴合金）制成，可不另需电源，而后者与他励直流伺服电动机一样。

直流测速发电机的工作原理与普通直流发电机相同，在恒定磁场下，当电枢以转速 n 旋转时，电枢导体切割磁力线从而产生感应电动势，感应电动势大小为

$$E = C_e \Phi n \tag{5-2-1}$$

电动势平衡方程式为

$$E = U + I_a R_a \tag{5-2-2}$$

当空载时，直流测速发电机的输出电流为零，则输出空载电压与感应电动势相等，即 $U_0 = E = C_e \Phi n$，说明直流测速发电机空载时的输出电压与转速成线性关系。当接上负载 R_L 后，在不计电枢反应的条件下，输出电压 U 为

$$U = E - I_a R_a = E - \frac{U}{R_L} R_a = C_e \Phi - \frac{U}{R_L} R_a \tag{5-2-3}$$

经整理得

$$U = \frac{C_e \Phi}{1 + R_a / R_L} n \tag{5-2-4}$$

可见，如果电枢回路总电阻 R_a（包括电枢绕组电阻与换向器接触电阻）、负载电阻 R_L 和磁通 Φ 都不变，直流测速发电机的输出电压 U 与转速成线性关系，即 $U = f(n)$ 是一条过原点的直线，直线的斜率为 $C_e \Phi / (1 + R_a / R_L)$，称为直流测速发电机的输出特性，如图 5-2-2 所示。如果负载增大（即负载电阻减小），则斜率减小。

5.2.2.3　误差分析

直流测速发电机输出特性 $U = f(n)$ 成严格的线性关系的条件是 Φ、R_a、R_L 保持不变。实际上，直流测速发电机在运行时，不少因素会引起磁通 Φ、R_a、R_L 的变化，对输出特性有影响，使线性关系受到一定的

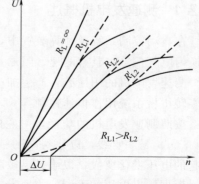

图 5-2-2　直流测速发电机的输出特性

破坏而产生所谓线性误差。这些因素主要有以下几方面。

① 周围环境温度的变化，使电机内部电阻的变化，特别是励磁绕组电阻的变化，引起励磁电流及其所产生磁通的变化，从而产生线性误差。

② 带负载运行时，电枢电流 I_a 产生的电枢磁场对主磁场的去磁作用，使气隙磁通下降，电压下降，出现线性误差，如图 5-2-2 所示，转速升高，电压增加不多，特性不再按直线规律变化。

③ 电枢电阻包括电刷与换向器的接触电阻，随着负载电流的变化而变化，转速低、电流小时，接触电阻较大，这时虽有输入信号（转速），但输出电压却很低，输出特性的线性关系也受到一定的影响。

为了减小电枢电流产生电枢磁场的去磁作用对输出电压的影响，使用时，负载电阻要比较大且转速变化范围不能太大，一般运行转速不应超过最高转速 n_{max}；为了防止温度变化引起励磁绕组电阻的变化，使用时可在励磁回路串一温度系数较低的康铜或锰铜材料绕制而成的电阻，以限制励磁电流的变化。设计时使磁路较为饱和，即使励磁电流波动较大，气隙磁通变化也不大。为了减小电枢反应的去磁作用，有的直流测速发电机励磁极上装有补偿绕组。

5.2.2.4 直流测速发电机应用

图 5-2-3 是直流调速系统原理框图。直流测速发电机作为检测元件，用于将直流电动机的转速转换为电压 U_f。给定电位器将指定电动机运转速度的速度给定信号转换为电压信号 U_1，U_1 作为系统的输入信号电压。如图 5-2-3 所示，直流电动机、负载、测速电机安装在同一轴上。

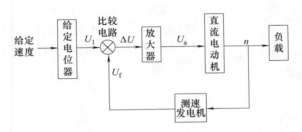

图 5-2-3 直流调速系统原理框图

如果由于某种原因使直流电动的转速偏离指定的转速，直流测速电机的输出电压 U_f 随之相应发生变化。例如直流电动机的转速升高时，直流测速发电机的输出电压 U_f 随之增大，使 $U_f > U_1$，则偏差电压 $\Delta U = U_1 - U_f < 0$，ΔU 经放大器放大后被整流电路调整为直流输出，致使加到直流电动机的电枢电路两端的电压相应减小，直流电动机的转速下降。

5.2.3 交流测速发电机

5.2.3.1 交流测速发电机基本结构

交流测速发电机可分为交流同步测速发电机和交流异步测速发电机两大类。

（1）交流同步测速发电机

交流同步测速发电机的输出频率和电压幅值均随转速的变化而变化，不再与转速成正比，一般用作指针式转速计，很少用于控制系统中。

（2）交流异步测速发电机

交流异步测速发电机的结构与交流伺服电动机相似，主要由定子、转子组成。按转子结构不同分为笼型转子和空心杯转子两种。笼型测速发电机的测速精度不及空心杯转子测速发电机的测量精度高，所以只用在精度要求不高的控制系统中。空心杯转子测速发电机转子由电阻率较大、温度系数较小的非磁性材料制成，它的输出特性线性度好、精度高，在自动控制系统中的应用较为广泛。

空心杯转子异步测速发电机的定子分为内外定子，内定子上嵌有输出绕组 C_w，外定子上嵌有励磁绕组 F_w，并使两绕组在空间位置上相差 $90°$ 电角度。内外定子的相对位置是可以调节的，可通过转动内定子的位置来调节剩余电压，使剩余电压为最小值，以减少误差。

下面以空心杯转子异步测速发电机为例介绍其基本工作原理。

5.2.3.2 交流测速发电机工作原理

图 5-2-4 是空心杯转子异步测速发电机电路，图中 F_w 是励磁绕组，C_w 是输出绕组。给励磁绕组 F_w 加频率和幅值均恒定的单相交流电压 U_f，气隙中便产生频率相同、方向为励磁绕组 F_w 轴线方向（即 d 轴方向）的脉动磁通，称为励磁磁通。因转子电阻大则忽略转子漏抗，认为转子感应电流与感应电动势同相位。

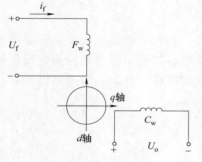

图 5-2-4 空心杯转子异步
测速发电机电路

当转子不动时，如图 5-2-5（a）所示。励磁磁通在转子绕组中感应电动势及电流，由于这种电动势的方向与变压器一样，所以也称为变压器电动势，该电流产生的磁动势及磁通是沿 d 轴方向脉振的，称为转子直轴磁动势及转子直轴磁通。由于励磁磁动势与转子直轴磁动势均沿 d 轴方向，其合成磁通也是沿 d 轴方向脉振的，称为直轴磁通 Φ_d。由于输出绕组与励磁绕组在空间位置相差 $90°$ 电角度，即直轴磁通与输出绕组不交链，所以输出绕组输出电压 $U_0 = 0$。

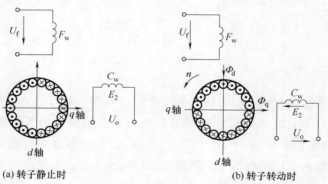

(a) 转子静止时　　　　(b) 转子转动时

图 5-2-5 交流测速发电机原理图

当转子以某一速度 n 旋转时，如图 5-2-5（b）所示。转子绕组切割直轴磁通产生切割电动势 E_q 及电流 I_q，其方向 C_w 可由右手定则判定。电流 I_q 形成的磁动势及相应的磁通是沿 q 轴方向脉振的，分别称为交轴磁动势 F_q 及交轴磁通 Φ_q（其方向可由右手螺旋定则判定）。交轴磁通与输出绕组 C_w 交链，在输出绕组中感应出同频率的交变电势 E_2，所以输出绕组有输出电压 U_0。转子切割交轴磁通产生的电动势的有效值为

$$E_q = C_e \Phi_q n \qquad (5\text{-}2\text{-}5)$$

输出绕组感应的电动势有效值 E_2 为

$$E_2 = 4.44 f N_2 \Phi_q \qquad (5\text{-}2\text{-}6)$$

显然：$E_2 \infty \Phi_q \infty I_q \infty E_q \infty n$。

可见 E_2 与 n 成正比，即交流测速发电机的输出电压与转速成正比，而其频率与转速无关，保持电源频率。因此，只要测出其输出电压的大小，就可以测出转速的大小。如果被测机械的转向改变，交流测速发电机的输出电压相应也将改变。

这样，异步测速发电机就能将转速信号变成电压信号，达到测速的目的。

5.2.3.3 误差分析

交流异步测速发电机的理想输出特性应为经过原点的直线，如图 5-2-6 所示是交流测速发电机的特性曲线，其中线 2 是理想特性。

实际上，由于存在漏阻抗、负载变化等问题，输出特性呈现非线性，误差可归为线性误差和相位误差。

（1）线性误差

线性误差的定义：在额定励磁条件下，测速发电机在最大线性工作转速范围内，实际输出电压与理想线性输出电压的最大绝对误差 ΔU_{max} 与线性输出电压特性所对应的最大输出电压 U_{2m} 之比，称作线性误差 δ_1，即

$$\delta_1 = \frac{\Delta U_{max}}{U_{2m}} \times 100\% \qquad (5\text{-}2\text{-}7)$$

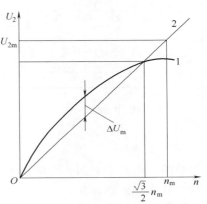

图 5-2-6 交流测速发电机的特性曲线

误差产生的原因是由于在叙述感应测速发电机的工作原理时，忽略了定子漏阻抗即励磁绕组的电阻和漏电抗，以及忽略转子杯导条的漏电抗 x，若考虑这些因素，直轴磁通的大小是变化的，破坏了 E_2 与 n 成正比的关系，产生了线性误差。

为减小该误差应尽可能地减小励磁绕组的漏阻抗，并采用高电阻率材料制成非磁性杯形转子，最大限度地减少漏电抗。

（2）相位误差

在自动控制系统中不仅要求异步测速发电机输出电压与转速成正比，而且还要求输出电压与励磁电压同相位。输出电压与励磁电压的相位误差是由励磁绕组的漏抗、杯形转子的漏抗产生的，可在励磁回路中串电容进行补偿。

理论上测速发电机在转速为零时输出电压应为零，但实际上当转速为零时输出电压并不为零，从而使控制系统产生误差。

（3）剩余电压

所谓剩余电压是指感应测速发电机在励磁绕组接额定励磁电压，转子静止时输出绕组中所产生的电压。

剩余电压产生的原因是多种多样，最主要的原因是制造工艺不佳所致，比如两相绕组不正交、磁路不对称、绕组匝间短路、铁芯片间短路以及绕组端部电磁耦合等。

减小剩余电压，最根本方法无疑是提高制造和加工精度，也可采用一些措施进行补偿，阻容电桥补偿法是常用的补偿方法。

［实践操作２］　测速发电机实际接线

1. 任务说明

目前，应用较广的是异步测速发电机。异步测速发电机按其结构可分为鼠笼转子和杯形转子两种。所以，测速发动机的接线在实际应用中非常重要。

2. 任务准备

本实验所需的设备见表 5-2-1。

表 5-2-1　测速发动机接线所需设备、工器具

序号	名称	规格	数量	单位
1	交流测速发电机	1kW 以下	1	台
2	直流测速发电机	1kW 以下	1	台
3	高精度电压表	0.2 级	1	块
4	交流恒频恒压电源	1.5kW 以下	1	组
5	直流电源		1	组
6	拖动设备	1.5kW 以下	1	台
7	常用电工工具		1	套
8	软导线		若干	

3. 任务操作

（1）操作步骤

① 绕组的判别：用万用表欧姆 $R\times10$ 或 $R\times100$ 挡（根据电动机功率的大小选择，容量大的挡位小）分别测量电动机的四个出线端，应有两组相通。因为励磁绕组导线较粗，匝数相对较少，则阻值较小的一组为励磁绕组 LL（L_1、L_2 端），而输出绕组导线较细，匝数相对较多，阻值较大一组即为输出绕组 LO（01、02 端），将测量结果做好记号。永磁式测速发电机可省略该步。

② 正确接线：交流测速发电机按图 5-2-7 所示进行。

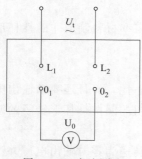

图 5-2-7　交流测速发电机接线图

③ 通电试验

a. 将测速发电机转轴与被测设备输出轴硬连接，检查交流测速发电机接线无误，起动被测设备。

b. 设备运转正常后，接通测速发电机电源，观察电压表指示，同时，用转速表测量设备的实际运行转速，进行比对。

c. 调整设备转速，电压表指示应有所变化，再与转速表结果进行比对。

d. 改变被测设备转向，电压表指示方向应相应改变。

以上步骤均正常，说明接线正确。若电压表指示不正常，应用万用表电压挡检测各接线端电压或用电阻挡检测接触电阻，从而判断并排除故障。

（2）注意事项

① 学生操作时，一定要注意人身和设备的安全。

② 遇异常情况，应立即断开电源，待处理好故障后，再继续实验。

（3）检查评议

实践操作成绩按表 5-2-2 给定。

表 5-2-2   **实践操作评分表**

序号	主要内容	考核要求	评分标准	配分
1	任务准备	1. 工具、材料、仪表准备完好 2. 穿戴劳保用品	1. 工具、材料、仪表准备不充分，每项扣 5 分 2. 劳保用品穿戴不齐备，扣 10 分	20
2	绕组判别	1. 仪表使用 2. 绕组判别	1. 仪表使用不正确，扣 10 分 2. 不能正确判别各绕组出线端，扣 15 分	25
3	正确接线	1. 仪表接线 2. 电源接线	1. 仪表接线错误，扣 15 分 2. 电源接线错误，扣 10 分	25
4	通电试验	1. 实验方法 2. 实验步骤	1. 通电实验方法不正确，扣 10 分 2. 通电实验步骤不正确，扣 10 分	20
5	安全文明生产	1. 现场整理 2. 设备、仪表 3. 工具 4. 遵守课堂纪律、尊重老师、时间把握	1. 未整理现场，扣 10 分 2. 损坏设备、仪器，扣 10 分 3. 工具遗忘，扣 10 分 4. 不遵守课堂纪律或不尊重老师，延误时间等，取消操作	10
时间	15 分钟	开始	结束 合计	

任务 **5.3** 步进电动机

5.3.1 步进电动机概述

步进电动机属于断续运转的同步电动机。它将输入的脉冲电信号变换为阶跃的角位移或直线位移，也就是给一个脉冲信号，电动机就转一个角度或前进一步，因此这种电动机叫步进电动机。因为它输入既不是正弦交流，也不是恒定直流，而是脉冲电流，所以又叫作脉冲电动机。它是数字控制系统中一种重要的执行元件，主要用于开环系统，也可用于闭环系统。步进电动机是自动控制系统的关键元件，因此控制系统对它提出如下基本要求：

① 在一定的速度范围内，在电脉冲的控制下，步进电动机能迅速起动、正反转、制动和停车，调速范围宽广。

② 步进电动机的步距角要小，步距精度要高，不丢步不越步。

③ 工作频率高、响应速度快。不仅起动、制动、反转要快，而且能连续高速运转，生产率高。

步进电动机按其工作方式不同，可分为功率步进电动机和伺服步进电动机两类。前者体积一般做得较大，其输出转矩较大，可以不通过力矩放大装置，直接带动负载，从而简化了传动系统的结构，提高了系统的精度。伺服步进电动机输出转矩较小，只能直接带动较小的负载，对较大负载需通过液压扭矩放大器与伺服步进电动机构成伺服机构来传动。

按励磁方式的不同，步进电动机可分为反应式、永磁式和感应子式三类。它们产生电磁转矩的原理虽然不同，但其动作过程基本上是相同的。由于反应式步进电动机结构简单，应用较广泛，所以我们主要介绍反应式步进电动机。

5.3.2 反应式步进电动机结构及工作原理

5.3.2.1 反应式步进电动机结构

反应式步进电动机种类也很多，可有不同相数、不同的磁路结构和不

二维码 5-3 步进电动机原理

同的绕组联结等，但它们的基本工作原理相同。图 5-3-1 为较常见的一种三相反应式步进电动机的结构及其断面接线图，它的定、转子铁芯均用硅钢片叠成，定子上有 6 个磁极（即 3 对磁极），每一对磁极上绕有一相绕组，三相绕组星形联结作为控制绕组。转子铁芯上没有绕组，但开有齿槽，其齿距（用字母 t 表示）与定子磁极极靴上的齿距相等，而齿数 z_r 有一定要求，不能随便取值。定、转子间经气隙隔开。

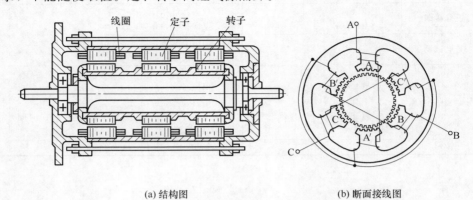

(a) 结构图   (b) 断面接线图

图 5-3-1　三相反应式步进电动机结构及其断面接线图

5.3.2.2　反应式步进电动机工作原理

三相反应式步进电动机的工作原理示意图如图 5-3-2 所示。

图中定子有 6 个极，每极只有一个齿，即一个磁极便是一个齿；转子为 4 个齿，其齿宽与定子磁极宽度（齿宽）一样。当 U 相绕组通电时，由于磁力线优先通过磁阻最小途径，转子齿 1 和 3 将受到转矩的作用，转到其轴线与 U 相绕组轴线重合，使磁力线通过的磁阻最小，如图 5-3-2（a）所示；当 U 相断电、V 相通电，同样，转子齿 2 和 4 将逆时针转过 30°机械角度，使其轴线与 V 相绕组轴线重合，如图 5-3-2（b）所示；同理，V 相断电而 W 相通电时，转子继续逆时针转过 30°机械角度，如图 5-3-2（c）所示。

由此可见，定子若按 U—V—W 顺序通电，转子就按逆时针方向一步一步地前进；若按 U—W—V—U 顺序通电，转子则按顺时针方向一步一步的转动。

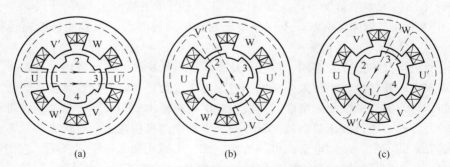

(a)   (b)   (c)

图 5-3-2　三相反应式步进电动机原理示意图（单三拍）

在步进电动机中，一种通电状态转换到另一种通电状态，叫作一拍，每一拍，转子就会转过一个角度，这个角度被称为步距角，用符号 θ_b 表示。显然，变换通电状态的频率（即脉冲的频率）越高，转子就转得越快。

按上述三相绕组依次单相通电方式，称为三相单三拍运行，"三相"是指定子三相绕组，

"单"指每次通电仅有一相，"三拍"是指三次通电为一循环，第四次通电便重复第一次情况。

三相反应式步进电动机的通电方式除"单三拍"外，还有"三相双三拍"和"三相六拍"等。三相双三拍的通电方式是每次有两相通电，其次序按 UV—VW—WU—UV，如图 5-3-3 所示。可以看出，通电后所建立的磁场轴线与没通电的一相磁极轴线重合，因而转子磁极轴线与没有通电的一相的磁极轴线对齐。如图 5-3-3（a）中，U、V 相通电时，转子轴线与 W-W' 极轴线对齐。可见，这种运行方式与"单三拍"相同，步距角不变。

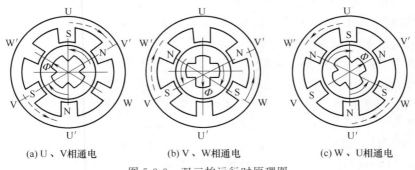

(a) U、V 相通电   (b) V、W 相通电   (c) W、U 相通电

图 5-3-3 双三拍运行时原理图

三相六拍运行，按 U—UV—V—VW—W—WU—U 的顺序通电，相当于上述两种通电方式的综合，步距角为"三拍"方式的一半。

这种简单的三相反应式步进电动机，其步距角太大，即每一步转子转过角度太大，无法满足生产中所提出的位移量很小的要求。于是，在定子磁极的极靴上开了许多小齿槽，而转子圆周上也开有许多小齿槽，且与定子极靴上齿宽及齿距相等。转子齿数 z_r 应根据工作要求，既考虑步距角的大小，又以工作原理为依据，不能任意选取。因为在同相几个磁极下，定、转子齿应同时对齐或同时错开，才能使几个磁极作用相加，产生足够的磁阻转矩，所以，转子齿数应是磁极倍数，是偶数；除此以外，在不同相的磁极下，定、转子的相对位置应依次错开 t/m（m 为相数，t 为齿距），这样才能在连续改变通电状态情况下，获得连续运动，否则，当某一相通电时，转子齿都将处于磁路中磁阻最小的位置上，各相轮流通电时，转子将一直处于静止状态，电动机将无工作能力，不能运行，为此，要求两相邻极轴线之间转子齿数应为整数加或减 $1/m$ 即

$$z_r/(2mp)=k\pm\frac{1}{m} \tag{5-3-1}$$

式中，k 是自然整数。

则转子齿数为

$$z_r=2mpk\pm2p \tag{5-3-2}$$

对于"三相单三拍"运行的步进电动机，相数 $m=3$，一相通电时在圆周上形成磁极数 $2p=2$（图 5-3-2），则根据式得转子齿数有 4、8、10、14、16、20、22、26、28、38、40……对于"三相双三拍"运行的步进电动机，则相数 $m=3$，磁极数 $2p=4$（图 5-3-3），则转子齿数有 8、16、20、28、32、40……当然，在这么多齿数中，到底选哪个数值，则根据步距角而定。

在图 5-3-2（b）中，由于 $m=3$，$2p=2$，则定子上磁极数为 $2mp=6$，如果要求步距角

$\theta_b=3°/1.5°$（即三拍运行时为 3°，六拍运行时为 1.5°），则可选转子齿数 $z_r=40$，那么每磁极所占齿数为 $z_r/(2mp)=40/6=7-1/3$，不是整数，与整数相差 1/3 齿距，即 t/m，满足上述要求。也就是说，当转子 1 号齿轴线对准 U 相磁极极轴 [图 5-3-2（b）]，而 U、V 两相之间包含转子齿数为 $(7-1/3)\times2=13\frac{1}{3}$，则定子 V 相轴线沿 U—V—W 方向超前对应转子齿轴线 $t/3$，即 V 相极轴超前转子第 14 号齿的 $t/3$，同理，W 相极轴超前转子第 27 号齿的 $2t/3$。今将图 5-3-2（b）沿 U 相轴线展开，如图 5-3-4 所示。图示位置是在 U 相通电状态，此时定、转子齿在 U 相轴线下对齐，即转子第 1 号齿轴线与 U 相极轴对齐，而 V 相和 W 相极轴分别与转子第 14 号齿和第 27 号齿轴错开 $t/3$ 和 $2t/3$；当 U 相断电而 V 相通电时，则建立一个沿 V 相轴线磁场，转子力图以最大磁导位置取向，便逆时针转过 $t/3$，则定、转子齿在 V 相轴线下对齐，即转子第 14 号齿轴对准 V 相轴线，在 W、U 相下的齿轴分别错开相轴 $t/3$；同理，W 相绕组通电时，转子再逆时针转过 $t/3$，转子第 27 号齿轴与 W 相轴线对齐。这样，通电状态完成一个循环，即按 U—V—W—U 顺序轮换通电一次，磁场将沿 U—V—W—U 方向转过 360° 机械角度，转子则沿 U—V—W—U 方向转过一个齿距 t，即转子在空间转过机械角度为 $360°/z_r=360°/40=9°$。如果为三相单三拍运行，则转子每走一步，在空间便转过 $t/3$，则实际转子转过机械角度步距角 $\theta_b=9°/3=3°$。

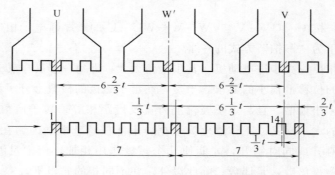

图 5-3-4　定、转子展开图（在 U 相通电状态）

同理，如果为三相六拍运行，则每一拍转子只转过齿距角的 1/6，那么步距角 $\theta_b=9°/6=1.5°$。

反应式步进电动机除了上述的三相运行方式外，还可做成不同相数，如四相、五相、六相、八相、十二相等，但基本作用原理与三相时相同，也可以在不同通电方式下运行，这里不再介绍。

5.3.3　步距角 θ_b 和转子转速 n

5.3.3.1　步距角 θ_b

如果以 N 表示步进电动机运行拍数，则转子经过 N 步，将转过一个齿距。每转一圈，即空间转过 360° 机械角度，则需要走 Nz_r 步。显然，每步转过的机械角度——步距角 θ_b 的平均值为

$$\theta_b=360°/(Nz_r) \tag{5-3-3}$$

可见，步距角 θ_b 与运行拍数 N 及转子齿数 Z_r 有关，而转子齿数是不能任意选取的，故 θ_b 值也不能是任意数值。

5.3.3.2　转子转速 n

当外加一个控制脉冲,即每改变一次通电方式时,转子转过的机械角度则是整个圆周角度的 $1/(NZ_r)$,则转子转速为

$$n = \frac{60f}{Z_r N} \tag{5-3-4}$$

式中,f 是控制信号的脉冲频率,即每秒钟控制信号通电状态改变的次数。

可见,转子的转速只与拍数 N、转子齿数 Z_r 及脉冲频率 f 有关。当脉冲频率很高时,步进电动机就像普通同步电动机一样连续旋转。

转子旋转方向与定子磁场的旋转方向相同或相反,若相邻相的轴线间夹角内的转子齿距数为正整数加 t/m,则转子沿着磁场方向旋转;若相邻相轴线间夹角内的转子齿距数为正整数减去 t/m,则转子转向与磁场旋转方向相反。

5.3.4　步进电动机特性

步进电动机的特性,有三种状态,分别是静态运行状态、步进运行状态和连续运行状态。

5.3.4.1　静态运行状态

步进电动机不改变通电方式的运行状态,称为静态运行状态。此时,步进电动机转子虽然受到外负载的作用,但转子仍处于静止状态,其原因是步进电动机转子受到内部反应转矩——静转矩的作用,如果规定静转矩以逆时针方向为正,而通电相的定、转子中心线间夹角 θ(用电角度表示)——称为失调角,以转子齿轴线逆时针领先定子齿轴线为正,静转矩 T 与失调角 θ 的关系,即 $T = f(\theta)$ 曲线,称为矩角特性,是静态运行的主要特性。

当步进电动机一相通电时,定、转子齿对齐,则 $\theta = 0°$,转子上无切向磁拉力作用,静转矩 $T = 0$;若转子齿相对于定子齿向右错开 θ 角,则转子上将受到切向磁拉力作用,产生转矩,其作用力是反对转子齿错开的力,所以为负值。显然,在 $\theta < 90°$电角度时,θ 愈大,转矩 T 也愈大;当 $\theta > 90°$电角度时,由于磁阻显著增加,切向磁拉力及其转矩反向减少,直至 $180°$时,转子齿处于定子两齿之间的槽相对应位置时,则定子两个齿对转子齿的磁拉力互相抵消,转矩 T 又为零。若 θ 再增大,转子齿将受到定子另一个齿作用,出现正转矩。由此可见,转矩随失调角作周期性变化,周期为一个齿距 t,定为 $360°$空间电角度,如图 5-3-5 所示。

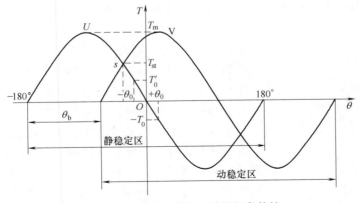

图 5-3-5　反应式步进电动机矩角特性

表征矩角特性的有两项基本内容：一项是矩角特性上转矩最大值 T_m，称为最大静转矩；另一项是它的波形。矩角特性的波形与很多因素有关，当磁路结构及绕组型式确定后，它主要取决于定、转子齿层的尺寸比值、通电状态及磁路饱和程度等。一般来说希望矩角特性波形接近矩形波，但在实际情况下，经常会接近正弦波，如图5-3-5所示。图中 O 点是步进电动机空载且在静态运行时的稳定平衡点，即在通电相的定、转子齿对齐或 $\theta=0°$ 位置。当转子处于该点时，即使有外力使转子齿偏离该点，只要偏离角 θ 在 $0°<\theta<180°$ 电角度范围内，当外力消除时，转子能自动地回到该点；$\theta=180°$ 电角度时，虽然两个定子齿对转子一个齿磁拉力互相抵消，但只要转子向任一方偏移，磁拉力就失去平衡，稳定性被破坏，转子不再回到原来位置。所以 $\theta=\pm180°$ 电角度这两个位置，是不稳定的，称为不稳定点；在两个不稳定点之间的区域，构成静态稳定区（图5-3-5）称为静稳定区。

如果步进电动机带负载作静态稳定运行时，则出现初始失调角 θ_0（图5-3-5），它由负载转矩大小和性质决定。处于静稳定区内的 $\pm\theta_0$ 范围，称为失灵区。

对于两相或多相同时通电方式，矩角特性将由两个或多个单相通电状态矩角特性合成。

5.3.4.2 步进运行状态

步进运行状态是指脉冲频率很低，每一脉冲到来之前，转子已完成一步，并且运动已经停止。在这种状态下有两个主要特性：一个是动稳定区，另一个是最大负载转矩。如果把U相绕组通电时的静态稳定运行区称为静稳定区，则把下一个通电绕组（如V相）的静稳定区称为动稳定区，如图5-3-5所示。从图中可知，U相通电时，在 $0°<\theta<180°$ 的范围为静稳定区，而 $(-180°+\theta_b)<0<(180°+\theta_b)$ 的范围为动稳定区。V相通电时，在 $(-180°+\theta_b)<0<(180°+\theta_b)$ 的范围为静稳定区，而在 $(-180°+2\theta_b)<0<(180°+2\theta_b)$ 的范围为动稳定区。可以看出，静、动稳定区必须有重叠，且步距角 θ_b 越小，即相数 m 或拍数 N 增加，动稳定区越接近静稳定区；重叠区越大，步进电动机运行的稳定性越好，空载的响应频率也就越高。

图5-3-5中的两条相距一个步距角 θ_b 的矩角特性曲线相交于点 s，其对应转矩 T_{st} 称为起动转矩，它是负载转矩的极限值，故亦称最大负载转矩或步进转矩。如果步进电动机的负载转矩小于 T_{st}，则步进电动机能作步进运行，如果负载转矩大于 T_{st}，则步进电动机不能作步进运行。

从图5-3-5中不难看出，$T_{st}<T_m$，当相数或拍数越多，θ_b 越小，则 T_{st} 越大且越接近 T_m。此外，当步进电动机二拍运行时，$\theta_b=180°$，则重叠区（亦称稳定裕度）和起动转矩都为零，步进电动机不能正常运行。所以，正常结构的反应式步进电动机，最少的相数为三相。

5.3.4.3 连续运行状态

当脉冲频率很高时，其周期比转子振荡的过渡过程时间还短，虽然转子仍然是一个脉冲前进一步。步距角不变，但转子却连续不停地旋转，这种状态为连续运行状态。

连续运行时，步进电动机转子受到的转矩叫动转矩，它的平均值比静转矩要小。脉冲频率越高，步转矩速越快，则平均动转矩越小。因此，在连续运行状态下，步进电动机的平均动转矩与频率的关系，即转矩与频率特性——矩频特性，是一条下降曲线，如图5-3-6所示，它是步进电动

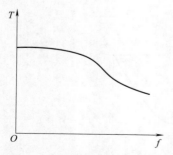

图5-3-6 步进电动机的矩频特性

机的重要特性。

　　步进电动机在连续运行状态下不失步的最高频率称为运行频率。运行频率越高，在一定条件下表示步进电动机的调速范围越大。步进电动机不失步起动的最高频率，称为起动频率。由于在起动时不仅要克服负载转矩，而且还要平衡因起动加速度形成的惯性转矩，所以起动频率一般较低，以保证步进电动机有足够大的转矩；在连续运行时，步进电动机转矩主要是平衡负载转矩，因加速度而形成的惯性转矩影响较小，所以步进电动机的运行频率较高，以满足控制精度的要求。为了获得良好的起动、制动速度特性，保证不出现失步，又满足运行时高频率的要求，则在步进电动机的脉冲控制电路中，设有升频、降频控制器，从而实现起动时逐渐升频、停转前逐渐降频的过程。

　　从特性分析可知，步进电动机相数 m 和转子齿数 Z_r 越多，θ_b 越小，性能越好；但相数越多，驱动电源越复杂。

5.3.5　步进电动机的驱动电源

　　步进电动机及驱动电源是一个相互联系的整体。步进电动机的运行性能是由电动机和驱动电源相配合反映出来的综合效果。

　　步进电动机的驱动电源应满足下述要求：

　　① 驱动电源的相数、通电方式、电压和电流都应满足步进电机的控制要求；

　　② 驱动电源要满足起动频率和运行频率的要求，能在较宽的频率范围内实现对步进电机的控制；

　　③ 能抑制步进电机的振荡；

　　④ 工作可靠，对工业现场的各种干扰有较强的抑制作用。

　　步进电动机的驱动电源基本上包括变频信号源、脉冲分配器和脉冲放大器三个部分，如图 5-3-7 所示。

图 5-3-7　步进电机驱动电源方框图

　　步进电动机的驱动电源有多种形式，按脉冲的供电方式来分，有单一电压型电源；高低压切换型电源；电流控制的高、低压切换型电源；细分电路电源等。

　　脉冲分配器有多种形式，早期的有环形分配器，现在逐步被单片机所取代。

5.3.6　步进电动机的应用

　　由于脉冲电源每给出一个脉冲电信号，步进电动机就转过一个角度或前进一步。因而其轴上的转角或线位移与脉冲数成正比，或者说它的转速或线速度与脉冲频率成正比。通过改变脉冲频率的高低就可以在很大范围内调节电动机的转速，并能快速起动、制动和反转。步进电动机的步距角变动范围较大，在小步距角的情况下，可以低速平稳运行。在负载能力范围内，电动机的步距角和转速大小不受电压波动和负载变化的影响，也不受环境条件如温度、气压、冲击和振动等影响，只与脉冲频率有关。它每转一周都有固定的步数，在不丢步的情况下运行，其步距误差不会长期积累，因此这类电动机特别适合在开环系统中使用，使整个系统结构简单、运行可靠。当采用了速度和位置检测装置后，它也可以用于闭环系统中。目前步进电动机广泛用于计算机外围设备、机床的程序控制及其他数字控制系统，如软盘驱动器、绘图机、打印机、自动记录仪表、数模交换装置和钟表工业等装置或系统中。

步进电动机的主要缺点是效率较低，并需要专门的脉冲驱动电源供电。运行时，带负载转动惯量的能力不强。此外，共振和振荡也是运行中常出现的问题，特别是内阻尼较小的反应式步进电动机，有时还要加机械阻尼机构。

近年来数字控制技术的迅速发展，出现了多种质优价廉的控制电源，为步进电动机的发展和应用创造了有利条件，尤其是计算机在数控技术领域的应用，为步进电动机开拓了广阔的发展前景。

图 5-3-8 是步进电动机在数控机床上应用的示意图，数控装置根据穿孔纸带上的读数和指令值，经过运算，发出脉冲量，送到电液步进电动机（即步进电动机和液压扭矩放大器组成的整体），使它转动，带动丝杆螺母使工作台移动一定距离。显然，每输出一个脉冲，工作台就有个相当的移动量（称为脉冲当量），其值根据机床加工精度要求，同时考虑到编制程序的方便性和步进电动机的步距角及减速器的速度比等来选择。例如当脉冲为 0.01mm/步，步进电动机的运行频率为 16000 步/s，则工作台移动速度为 0.01mm/步×6000 步/s=160mm/s，假如要求工作台移动 480mm，则只需要 480mm/(160mm/s)=3s，或者说，步进电动机只需走 16000 步/s×3s=48000 步，即在 3s 时间内发出 48000 个脉冲，工作台便移动 480mm 的距离。

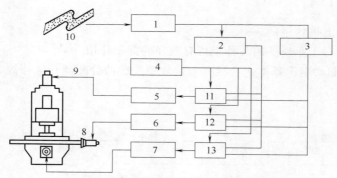

图 5-3-8　步进电动机在数控机床上应用的示意图

1—读数设置；2—预置计数器；3—信号储存器；4—脉冲发生器；5,6,7—电子转换器；

8,9—步进电动机；10—控制介质（纸带）；11,12,13—门电路

［实践操作 3］　步进电动机实验

1. 任务说明

通过实验加深对步进电动机的驱动电源和电机工作情况的了解；掌握步进电动机基本特性的测定方法。具体包括以下项目：

① 单步运行状态。

② 角位移和脉冲数的关系。

③ 空载突跳频率的测定。

④ 空载最高连续工作频率的测定。

⑤ 转子振荡状态的观察。

⑥ 定子绕组中电流和频率的关系。

⑦ 平均转速和脉冲频率的关系。

⑧ 矩频特性的测定及最大静力矩特性的测定。

2．任务准备

（1）原理说明

① 了解步进电动机的工作情况和驱动电源。

② 步进电动机有哪些基本特性？怎样测定？

（2）实验设备

本实验所需的设备见表 5-3-1。

表 5-3-1　实验所需设备

序号	型号	名称	数量	备注
1	D54(BSZ-1)	步进电机控制箱	1 台	
2	BSZ-1	步进电机实验装置	1 台	
3	D41	三相可调电阻器	1 件	
4	D31	直流数字电压、毫安、安培表	1 件	
5	DD05	测功圆盘及测功支架	1 件	
6		双踪示波器	1 台	自备

（3）屏上挂件排列顺序

D54—D31—D41

（4）基本实验电路的外部接线

图 5-3-9 表示了基本实验电路的外部接线。

3．任务操作

（1）操作步骤

① 单步运行状态。

接通电源，将控制系统设置于单步运行状态，或复位后，按执行键，步进电机走一步距角，绕组相应的发光管发亮，再不断按执行键，步进电机转子也不断做步进运动。改变电机转向，电机做反向步进运动。

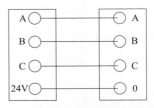

图 5-3-9　步进电机实验接线图

② 角位移和脉冲数的关系。

控制系统接通电源，设置好预置步数，按执行键，电机运转，观察并记录电机偏转角度，再重设置另一数值，按执行键，观察并记录电机偏转角度于表 5-3-2、表 5-3-3 中，并利用公式计算电机偏转角度与实际值是否一致。

表 5-3-2　步数 = _____ 步（1）

序　号	实际电机偏转角度	理论电机偏转角度

表 5-3-3　步数 = _____ 步（2）

序　号	实际电机偏转角度	理论电机偏转角度

③ 空载最高连续工作频率的测定。

步进电机空载连续运转后缓慢调节速度调节旋钮使频率提高，仔细观察电机是否不失步，如不失步，则再缓慢提高频率，直至电机能连续运转的最高频率，则该频率为步进电机空载最高连续工作频率，记为_____Hz。

④ 转子振荡状态的观察。

步进电机空载连续运转后，调节并提高脉冲频率，直至步进电机声音异常或出现电机转子来回偏摆即为步进电机的振荡状态。

⑤ 定子绕组中电流和频率的关系。

在步进电机电源的输入端串接一只直流安培表使步进电机连续运转，由低到高逐渐改变步进电机的频率，读取并记录 5 组电流表的平均值、频率值于表 5-3-4 中，观察示波器波形，并做好记录。

表 5-3-4　电流频率的关系

序 号	f/Hz	I/A

⑥ 平均转速和脉冲频率的关系。

接通电源，将电机设为单三拍连续运转的状态下。先设定步进电机运行的步数 N，最好为 120 的整数倍。利用控制屏上定时兼报警记录仪记录时间 t（单位：min），按下复位键时钟停止计时，松开复位键时钟继续计时，可以得到 $n=\dfrac{60N}{120t}=\dfrac{N}{2t}$。改变速度调节旋钮，测量频率 f 与对应的转速 n，即 $n=f(f)$。记录 5～6 组于表 5-3-5 中。

表 5-3-5　平均转速和脉冲频率的关系

序 号	f/Hz	$n/(r/min)$

⑦ 矩频特性的测定。

设置步进电机为逆时针转向，试验架上左端挂 20N 的弹簧秤，右端挂 30N 的弹簧秤，两秤下端的弦线套在皮带轮的凹槽内，控制电路工作于连续方式，设定频率后，使步进电机起动运转，旋转棘轮机构手柄，弹簧秤通过弦线对皮带轮施加制动力矩 $\left[\text{力矩大小 } T=(F_{大}-F_{小})\cdot\dfrac{D}{2}\right]$，$D=6\text{cm}$，仔细测定对应设定频率的最大输出动态力矩（电机失步前的力矩）。改变频率，重复上述过程得到一组与频率 f 对应的转矩 T 值，即为步进电机的矩频特性 $T=f(f)$，记录于表 5-3-6 中。

表 5-3-6 $D = $ _____ cm（1）

序号	f/Hz	$F_{大}$/N	$F_{小}$/N	$T/(\text{N} \cdot \text{cm})$

⑧ 静力矩特性 $T = f(I)$。

关闭电源，控制电路工作于单步运行状态，设置 A 相为导通相。将可调电阻箱 D41 的两只 90Ω 电阻并接（阻值为 45Ω，电流 2.6A），把可调电阻及一只 5A 直流电流表串入 D54 步进电机控制箱 A 端与步进电机实验装置 A 相绕组回路（注意正负端），同时把 D54 步进电机控制箱的 24V 电源端与步进电机实验装置的 O 端用导线连接。把弦线一端串在皮带轮边缘上的小孔并固定，盘绕皮带轮凹槽几圈后另一端结在 30N 弹簧秤下端的圆环上，弹簧秤的另一端通过弦线与定滑轮、棘轮机构连接。

接通电源，将电阻 R 调至最大，使 A 相绕组通过电流，缓慢旋转手柄，读取并记录步进电机失步时对应的最大值即为对应电流 I 的最大静力矩 $T_{\max}$ 值 $\left(T_{\max} = F \cdot \dfrac{D}{2}\right)$，改变可调电阻并使阻值逐渐减小，重复上述过程，可得一组电流 I 值及对应 I 值的最大静力矩 $T_{\max}$ 值，即为 $T_{\max} = f(I)$ 静力矩特性。共取 4～5 组记录于表 5-3-7 中。

表 5-3-7 $D = $ _____ cm（2）

序 号	I/A	F/N	$T_{\max}/(\text{N} \cdot \text{cm})$

（2）实验报告

经过上述实验后，须对照实验内容写出数据总结并对电机试验加以小结。

① 步进电机驱动系统各部分的功能和波形实验。

a. 方波发生器。

b. 状态选择。

c. 各相绕组间的电流关系。

② 步进电机的特性。

a. 单步运行状态：步矩角。

b. 角位移和脉冲数（步数）关系。

c. 空载突跳频率。

d. 空载最高连续工作频率。

e. 绕组电流的平均值与频率之间的关系。

f. 平均转速和脉冲频率的特性 $n = f(f)$。

g. 矩频特性 $T = f(f)$。

h. 最大静力矩特性 $T_{\max} = f(I)$。

（3）思考题

① 影响步进电机步距的因素有哪些？对于实验用步进电机，采用何种方法步距最小？

② 平均转速和脉冲频率的关系怎样？为什么特别强调是平均转速？

③ 最大静力矩特性是怎样的特性？由什么因素造成？

④ 对该步进电机矩频特性加以评价，能否再进行改善？若能改善应从何处着手？

⑤ 各种通电方式对性能的影响。

任务 5.4　自整角机

自整角机是一种对角位移或角速度的偏差能自动整步的控制电机，通常是两台或多台同时使用，广泛应用于随动系统。随动系统通过电的联系，使机械上不相连的两根或多根轴自动保持相同的转角变化，或同步旋转。

5.4.1　自整角机结构

自整角机的结构分成定子和转子两大部分，定、转子之间的气隙较小。定子结构与一般小型线绕式转子电动机相似，定子铁芯上嵌有三相星形联结对称分布绕组，称为整步绕组。转子结构有凸极式和隐极式，通常采用凸极式结构，只有尺寸大、频率高时才采用隐极式。转子上有单相或三相励磁绕组，绕组通过集电环、电刷与外电路连接。接触式自整角机结构如图 5-4-1 所示。

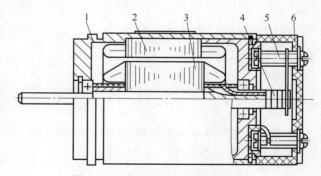

图 5-4-1　自整角机基本结构示意图

1—定子；2—转子；3—阻尼绕组；4—电刷；5—接线柱；6—集电环

5.4.2　自整角机分类

自整角机有控制式自整角机和力矩式自整角机之分，下面分别简要介绍。

5.4.2.1　控制式自整角机

（1）控制式自整角机结构

如图 5-4-2 所示，图中一台自整角机作为发送机，它的励磁绕组接到单相交流电源上，另一台自整角机作为接收机，用来接收转角信号并将转角信号转换成励磁绕组中的感应电动势输出。其整步绕组均接成星形。两台电机的结构、参数完全一致。

（2）控制式自整角机工作原理

在发送机的励磁绕组中通入电源时，产生脉振磁场，使发送机整步绕组的各相绕组产生感应电动势，最大值为 E_m，发送机 A_1 相与励磁绕组轴线的夹角为 θ，接收机 A_1 相与励磁绕组轴线的夹角为 $90°$，则发送机各相绕组的感应电动势有效值为

$$E_A = E\cos\theta$$
$$E_B = E\cos(\theta - 120°)$$
$$E_C = E\cos(\theta - 240°)$$

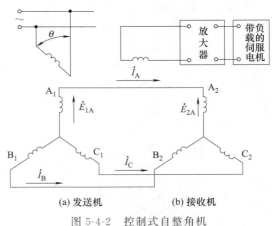

(a) 发送机　　　(b) 接收机

图 5-4-2　控制式自整角机

由于发送机和接收机的整步绕组是按相序对应连接，在接收机的各相绕组中也感应相应的电动势。θ 称为失调角，可以证明，当 $\theta \neq 0$ 时，整步绕组中将出现均衡电流，从而在接收机励磁绕组即输出绕组中感应出电动势，其合成电动势 E_2 为

$$E_2 = E_{2m}\sin\theta \tag{5-4-1}$$

接收机转子不能转动。由此可见，当 θ 为 0 时，输出电压为 0，只有当存在 θ 时，自整角机才有输出电压，同时，θ 的正负反映了输出电压的正负。所以控制式自整角机的输出电压的大小反映了发送机转子的偏转角度，输出电动势的极性反映了发送机转子的偏转方向，从而实现了将转角转换成电信号。

（3）控制式自整角机应用

由控制式自整角机的原理可知控制式自整角机的负载能力取决于伺服电动机的功率，故能驱动较大负载。而控制式自整角机与放大器及伺服电动机所组成的闭环系统提高了系统精度，同时控制式自整角机的发送机的定子绕组为正弦绕组，控制式变压器的转子为隐极式，嵌有单相正弦绕组，因此也提高了控制式自整角机的电气精度。以雷达高低角自动显示系统为例来说明。

图 5-4-3 是雷达高低角自动显示系统原理图。发送机 6 由雷达天线带动，接收机 4 转轴与由交流伺服电动机 1 驱动的系统负载（刻度盘 5 或火炮等负载）的轴相连，其转角用 β 表示。接收机转子绕组输出电动势 E_2 与两轴的差角 γ 即 $(\alpha - \beta)$ 近似成正比，即

$$E_2 \approx k(\alpha - \beta) = k\gamma \tag{5-4-2}$$

E_2 经放大后作伺服机的控制信号。只要 $\alpha \neq \beta$，即 $\gamma \neq 0$，就有 $E_2 \neq 0$，伺服机便要转动，使 γ 减小，直至 $\gamma = 0$。如果 α 不断变化，伺服机便随动，达到自动跟踪的目的。

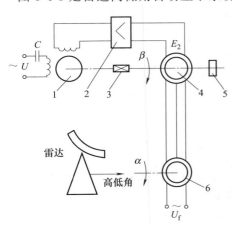

图 5-4-3　雷达高低角自动显示系统原理图
1—交流伺服电动机；2—放大器；3—减速器；
4—自整角接收机；5—刻度盘；6—自整角发送机

5.4.2.2　力矩式自整角机

（1）力矩式自整角机基本结构

力矩式自整角机的结构和控制式类似，也是用两台结构、参数均相同的自整角机构成自整角机组，一台为发送机，另一台为接收机，只是接

收机不同，接收机的励磁绕组和发送机的励磁绕组接到同一单相交流电源上，它直接驱动机械负载，而不是输出电压信号。其接线如图 5-4-4 所示。

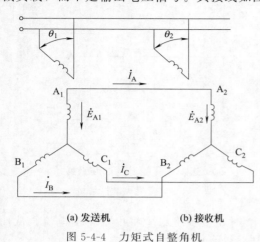

（a）发送机　　　（b）接收机

图 5-4-4　力矩式自整角机

（2）力矩式自整角机工作原理

在发送机和接收机的励磁绕组中通入单相交流电流时，就生成脉振磁场，使发送机和接收机的整步绕组的各相绕组同时产生感应电动势，其大小与各绕组的位置有关，设发送机 A_1 相与励磁绕组轴线的夹角为 θ_1，接收机 A_1 相与励磁绕组轴线的夹角为 θ_2，设 $\theta = \theta_1 - \theta_2$，$\theta$ 称为失调角，各相阻抗为 Z，则各相绕组的感应电动势有效值为

$$E_{A_1} = E\cos\theta_1 \tag{5-4-3}$$

$$E_{B_1} = E\cos(\theta_1 - 120°) \tag{5-4-4}$$

$$E_{C_1} = E\cos(\theta_1 - 240°) \tag{5-4-5}$$

$$E_{A_2} = E\cos\theta_2 \tag{5-4-6}$$

$$E_{B_2} = E\cos(\theta_2 - 120°) \tag{5-4-7}$$

$$E_{C_2} = E\cos(\theta_2 - 240°) \tag{5-4-8}$$

各相绕组中总电动势和电流为

$$E_A = E_{A_1} - E_{A_2} = 2E\sin\frac{\theta_1 + \theta_2}{2}\sin\frac{\theta}{2} \tag{5-4-9}$$

$$E_B = 2E\sin\left(\frac{\theta_1 + \theta_2}{2} - 120°\right)\sin\frac{\theta}{2} \tag{5-4-10}$$

$$E_C = 2E\sin\left(\frac{\theta_1 + \theta_2}{2} - 240°\right)\sin\frac{\theta}{2} \tag{5-4-11}$$

$$I_A = \frac{E_A}{2Z} = I\sin\frac{\theta_1 + \theta_2}{2}\sin\frac{\theta}{2} \tag{5-4-12}$$

$$I_B = I\sin\left(\frac{\theta_1 + \theta_2}{2} - 120°\right)\sin\frac{\theta}{2} \tag{5-4-13}$$

$$I_C = I\sin\left(\frac{\theta_1 + \theta_2}{2} - 240°\right)\sin\frac{\theta}{2} \tag{5-4-14}$$

由此可见，当 $\theta = 0$ 时，各相电动势为 0，产生的电流也为 0，整步绕组不会产生电磁转矩，即接收机转子不会转动；当 $\theta \neq 0$ 时，各相电动势不为 0，在整步绕组中会产生电流，该电流使整步绕组产生电磁转矩，使得接收机转子转动（发送机转子的转轴是主令轴不能因此而旋转），当转动到 $\theta = 0$ 时，接收机停止。

（3）应用

由于力矩式自整角机的整步转矩比较小，只能带动很轻的机械负载，如指针、刻度盘等，下面通过一个实例来说明。图 5-4-5 表示一液面位置指示器。浮子 1 随着液面的上升或下降，通过绳索带动自整角发送机 3 的转子转动，将液面位置转换成发送机转子的转角。于是自整角接收机转子就带动指针准确地跟随着发送机转子的转角变化而偏转，从而实现远距离的位置指示。这种系统还可以用于电梯和矿井提升机构位置的指示及核反应堆中的控制棒指示器等装置中。

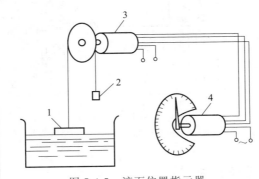

图 5-4-5   液面位置指示器

1—浮子；2—平衡锤；3—自整角发送机；4—自整角接收机

任务 5.5   旋转变压器

二维码 5-4   旋转变压器

5.5.1   旋转变压器的分类

旋转变压器是自动装置中较常用的精密控制电机，当旋转变压器的一次侧外施单相交流电压励磁时，其二次侧的输出电压将与转子转角严格保持某种函数关系。在控制系统中可作为解算元件，主要用于坐标变换、三角函数运算等；在随动系统中，它可用于传输与转角相应的电信号；此外，还可用作移相器和角度数字转换装置。

旋转变压器有多种分类方法。若按照有无电刷和滑环之间的滑动来说，可将旋转变压器分为接触式旋转变压器和非接触式旋转变压器两种。而非接触式旋转变压器又可分为有限转角旋转变压器和无限转角旋转变压器。通常在无特殊说明情况下，均指接触式旋转变压器。若按照电机的极对数来分，可将旋转变压器分为单极对旋转变压器和多极对旋转变压器两种，通常在无特殊说明的情况下，均指单极对旋转变压器。若按照使用要求分，可将旋转变压器分为用于解算装置的旋转变压器和用于随动系统的旋转变压器。按输出电压与转子转角间的函数关系，主要分三大类旋转变压器：正余弦旋转变压器、线性旋转变压器和比例式旋转变压器。

5.5.2   旋转变压器的结构

旋转变压器结构（图 5-5-1）与绕线式异步电动机类似，其定子、转子铁芯通常采用高磁导率的铁镍硅钢片冲叠而成，在定子铁芯和转子铁芯上分别冲有均匀分布的槽，里边分别安装有两个在空间上互相垂直的绕组，通常设计为 2 极，转子绕组经电刷和集电环引出。

小机座号的旋转变压器，通常设计成定子铁芯内圆与轴承室为同一尺寸的"一刀通"结构，这样，定子铁芯内圆、轴承室在机械加工时一次磨出或车出，从而保证了电机的同芯度，有利于提高旋转变压器精度。

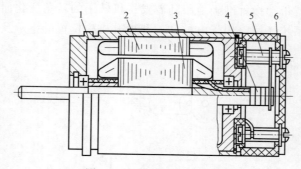

图 5-5-1 旋转变压器结构

1—机座；2—定子；3—转子；4—集电环；5—电刷装置；6—后盖

5.5.3 旋转变压器的工作原理

5.5.3.1 正余弦旋转变压器的结构工作原理

正余弦旋转变压器的转子输出电压与转子转角 θ 呈正弦或余弦关系，它可用于坐标变换、三角运算、单相移相器、角度数字转换、角度数据传输等场合。

正余弦转变压器的工作原理如图 5-5-2 所示。若在定子绕组 $D_1 D_2$ 施以交流励磁电压 U_{f_1}，则建立磁通 B_D 而产生脉振磁场，当转子在原来的基准电气零位逆时针转过 θ 角度时，则图 5-5-3 中的转子绕组 $Z_1 Z_2$、$Z_3 Z_4$ 中产生的电压分别为

$$U_{R_1} = k_u U_{f_1} \cos\theta \qquad (5\text{-}5\text{-}1)$$

$$U_{R_2} = k_u U_{f_1} \sin\theta \qquad (5\text{-}5\text{-}2)$$

式中，k_u 为比例常数。

由上式，我们常称转子的 $Z_1 Z_2$ 绕组为余弦绕组、称 $Z_3 Z_4$ 绕组为正弦绕组。

为了使正余弦旋转变压器负载时的输出电压不畸变，仍是转角的正余弦函数，则希望转子正余弦绕组的负载阻抗相等；希望定子上的 $D_3 D_4$ 绕组自行短接（图 5-5-2），以补偿由于负载电流引起的与 F_{f_1} 垂直的会引起输出电压畸变的磁通势，因此 $D_3 D_4$ 绕组也称补偿绕组。

5.5.3.2 线性旋转变压器的工作原理

线性旋转变压器使转子的输出电压与转子转角 θ 呈线性关系，即 $U_{R_2} = f(\theta)$ 函数曲线为一直线，故它只能在一定转角范围内用作机械角与电信号的线性变换。若用正余弦旋转变压器的正弦输出绕组 $U_{R_2} = k_u U_{f_1} \sin\theta$，则只能在 θ 很小的范围内，使 $\sin\theta \approx 0$ 时，才有 $U_{R_2} \propto \theta$ 的关系。为了扩大线性的角度范围，将图 5-5-2 接成如图 5-5-3 所示，即把正余弦旋转变压的定子绕组 $D_1 D_2$ 与转子绕组 $Z_1 Z_2$ 串联，称为一次侧（励磁方）。当施以交流电压 U_{f_1} 后，经推导，转子绕组 $Z_3 Z_4$ 所产生电压与转子转角有如下关系

$$U_{R_2} = \frac{k_u U_{f_1} \sin\theta}{1 + k_u \cos\theta} \qquad (5\text{-}5\text{-}3)$$

式中，k_u 为比例常数。

当 k_u 取在 $0.56 \sim 0.6$ 时，转子转角 θ 在 $\pm 60°$ 范围内与输出电压 U_{R_2} 呈良好的线性

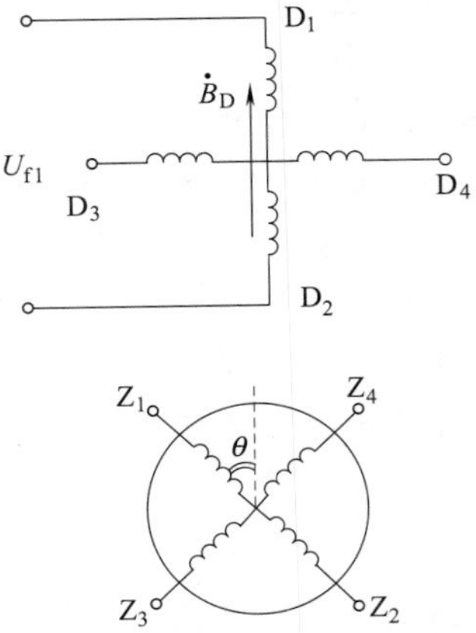

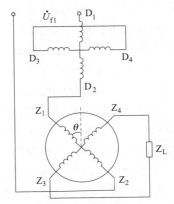

图 5-5-2　正余弦旋转变压器的空载运行

图 5-5-3　线性旋转变压器的空载运行

关系。

5.5.4　旋转变压器的应用

　　旋转变压器常在自动控制系统中作解算元件可进行矢量求解、坐标变换、加减乘除运算、微分积分运算，也可在角度传输系统中作自整角机使用，可以利用正余弦旋转变压器计算反三角函数的接线，以求反余弦函数为例。如图 5-5-4 所示，电压 U_1 加在旋转变压器的转子绕组 Z_1Z_2 端，略去转子绕组阻抗压降则电势 $E_1=U_1$；定子绕组 D_1D_2 端和电势 E_2 串联后接至放大器，经放大器放大后加在伺服电动机的电枢绕组中，伺服电动机通过减速器与旋转变压器转轴之间机械耦合。Z_1Z_2 绕组和 D_1D_2 绕组设计制造的匝数相同，即 $k=1$，所以 Z_1Z_2 绕组通过电流后所产生的励磁磁通在 D_1D_2 绕组中感应电势为 $E_1\cos\theta$。放大器的输入端电势便为

$$E_1\cos\theta-E_2 \tag{5-5-4}$$

此时伺服电动机将停止转动，则

$$E_1/E_2=\cos\theta \tag{5-5-5}$$

因此转子转角

$$\theta=\arccos(E_1/E_2) \tag{5-5-6}$$

可见利用这种方法可以求取反余弦函数。

转子转角就是所要计算的量。

将电压 U_A 串入转子的余弦绕组 Z_1Z_2 中，那么可以求解反余弦函数的值。

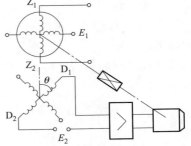

图 5-5-4　正余弦旋转变压器计算
反三角函数的接线

[项目小结]

　　伺服电动机在系统中作为执行元件，把输入的电压信号转换为轴上的角位移或角速度输出。伺服电动机分为交流和直流两种类型，直流伺服电动机实际是一台他励式直流电动机，励磁功率小，响应速度快。交流伺服电动机的基本特点是可控性好，采用杯形转子可以减小转动惯量，实现快速响应，提高起动转矩，但其机械特性与调节特性比直流伺服电动机稍差。

　　测速发电机是测量转速的一种测量电机，它将输入的机械转速转换为电压信号输出，输

出电压与转速成正比。测速发电机分为直流测速发电机和交流测速发电机两类。直流测速发电机可以看成一种微型直流发电机，按定子的励磁方式不同，可分为电磁式和永磁式两类。直流测速发电机输出特性好，但由于有电刷和换向问题，其应用在一定程度上被限制。交流测速发电机转子以空心杯形较多，其结构与杯形转子伺服电动机相似，主要用于交流伺服系统中作测速元件和计算元件。交流测速发电机转动惯量小，快速性好，但输出为交流电压信号且需要特定的交流励磁电源。使用时可根据实际情况选择测速发电机。

　　步进电动机是计算机控制系统中常用的执行元件，其作用是将控制脉冲信号转变为角位移或直线位移。步进电动机具有起动、制动特性好，反转控制方便，工作不失步等特点。步进电动机广泛应用于开式控制系统中．特别是数控机床的控制系统中。

　　自整角机是同步传递系统中的关键元件，使用时需要成对使用，一个作为发送机，另一个作为接收机。自整角机有两种，一种为力矩式自整角机，另一种为控制式自整角机。控制式自整角机的精度比力矩式自整角机高，主要应用于随动系统；力矩式自整角机输出力矩大，可直接驱动负载，一般用于控制精度要求不高的指示系统，如带动指针或刻度盘作为指示器。

　　旋转变压器是种精密的控制电机，也可看成是可旋转的变压器，旋转变压器按输出电压的不同分为正余弦旋转变压器和线性旋转变压器。正余弦旋转变压器空载时，输出电压是转子转角的正余弦函数，带上负载后，输出电压发生畸变，可用定子补偿和转子补偿纠正畸变，对正余弦旋转变压器线路稍作改接，便可在一定的转角范围内得到输出电压与转角成正比的关系，此时便是一台线性旋转变压器。

[项目综合测试]

一、填空题

1. 交流伺服电动机的控制方式有_____、_____、_____。

2. 40齿三相步进电动机在双三拍工作方式下步距角为_____，在单、双六拍工作方式下步距角为_____。

3. 自整角机是一种能对_____偏差自动整步的感应式控制电机，旋转变压器是一种输出电压随_____变化的信号元件，步进电动机是一种把_____信号转换成角位移或直线位移的执行元件，伺服电动机的作用是将输入_____信号转换为轴上的角位移或角速度输出。

4. 异步测速发电机性能技术指标主要有_____、_____、_____和输出斜率。

5. 旋转磁极式结构中，根据磁极形状又可分为_____和_____两种形式。

6. 异步伺服电动机_____信号消失，而仍有角速度或角位移输出，称为自转现象。

7. 交流测速发电机可分为_____和_____两大类。

二、选择题

1. 伺服电动机将输入的电压信号变换成（　　），以驱动控制对象。
A. 动力　　　　　B. 位移　　　　　C. 电流　　　　　D. 转矩和速度

2. 为了减小（　　）对输出特性的影响，在直流测速发电机的技术条件中，其转速不得超过规定的最高转速。
A. 纹波　　　　　B. 电刷　　　　　C. 电枢反应　　　　　D. 温度

3. 在交流测速发电机中，当励磁磁通保持不变时，输出电压的值与转速成正比，其频率与转速（　　　）。

　　A. 正比　　　　　　　　B. 反比　　　　　　　　C. 非线性关系　　　　D. 无关

　　4. 步进电机的步距角是由（　　　）决定的。

　　A. 转子齿数　　　　　　　　　　　　B. 脉冲频率

　　C. 转子齿数和运行拍数　　　　　　　D. 运行拍数

　　5. 由于步进电机的运行拍数不同，所以一台步进电机可以有（　　　）个步距角。

　　A. 一　　　　　　　B. 二　　　　　　　C. 三　　　　　　　D. 四

　　6. 步进电机通电后不转，但出现尖叫声，可能是以下（　　　）原因。

　　A. 电脉冲频率太高引起电机堵转

　　B. 电脉冲频率变化太频繁

　　C. 电脉冲的升速曲线不理想引起电机堵转

　　D. 以上情况都有可能

　　7. 没有补偿的旋转变压器的在接负载时会出现（　　　），使输出特性畸变。

　　A. 剩余电压　　　　　B. 感应电流过大　　　C. 交轴磁势　　　　　D. 直轴磁势

　　8. 旋转变压器的本质是（　　　）。

　　A. 变压　　　　　　　B. 变流　　　　　　　C. 能量转换　　　　　D. 信号转换

　　9. 空心杯非磁性转子交流伺服电动机，当只给励磁绕组通入励磁电流时，产生的磁场为（　　　）磁场。

　　A. 脉动　　　　　　　B. 旋转　　　　　　　C. 恒定　　　　　　　D. 不变

三、判断题

　　1. 交流伺服电动机当取消控制电压时不能自转。（　　　）

　　2. 为了减小温度变化对测速发电机输出特性的影响，其磁路通常要求设计得比较饱和。（　　　）

　　3. 旋转变压器的结构与一般变压器相似。（　　　）

　　4. 测速发电机的转速不得超过规定的最高转速，否则线性误差加大。（　　　）

　　5. 改变电源电压的高低可以调整步进电动机的旋转速度。（　　　）

　　6. 反应式步进电动机的起动频率低于最大连续运行的频率。（　　　）

　　7. 反应式步进电动机定子绕组通常做成两相、三相、四相和五相。（　　　）

四、简答题

　　1. 简述直流伺服电动机的两种控制方法。

　　2. 什么是自转现象，如何消除？

　　3. 交流伺服电动机有哪几种控制方式？分别加以说明。

　　4. 交流测速发电机的转子不动时，为什么没有电压输出？转子转动时，输出电压为什么和转速成正比，而频率却与转速无关？

　　5. 什么是步进电机的步距角？什么是单三拍、双三拍、六拍工作方式？

　　6. 怎样改变步进电动机的转向？

　　7. 自整角机可分为哪两种类型？试比较两种类型自整角机的接线有何不同，并简述它们各自的工作原理。

　　8. 旋转变压器有哪些类型？简述它们各自的工作原理。

参 考 文 献

[1] 邵群涛. 电机及拖动基础 [M]. 北京：机械工业出版社，2011.

[2] 胡幸鸣. 电机及拖动基础 [M]. 北京：机械工业出版社，2009.

[3] 刘小春. 电机与拖动 [M]. 北京：人民邮电出版社，2010.

[4] 王建明. 电机与机床电气控制 [M]. 北京：北京理工大学出版社，2012.

[5] 周元一. 电机与电气控制 [M]. 北京：机械工业出版社，2015.

[6] 杨文焕. 电机与拖动基础 [M]. 西安：西安电子科技大学出版社，2008.

[7] 张兴福，王雁，腾颖辉. 电机及电力拖动 [M]. 镇江：江苏大学出版社，2015.

[8] 王旭元. 电机及其拖动 [M]. 北京：化学工业出版社，2016.